Martin Scott

Zeitgewinn du
Selbstmanagement

So kriegen Sie Ihre Aufgaben in den Griff

Aus dem Englischen von Stefan Röhrich

Campus Verlag
Frankfurt/New York

Die Sonderedition *Handelsblatt Karriere und Management* ist eine Gemeinschaftsaktion des Campus Verlages und der Verlagsgruppe Handelsblatt.

Die englische Originalausgabe erschien 1992 bei Random House UK Limited, London, unter dem Titel »Time Management«.

Bibliografische Information der Deutschen Bibliothek:
Die Deutsche Bibliothek verzeichnet diese Publikation in der Deutschen Nationalbibliografie. Detaillierte bibliografische Daten sind im Internet über http://dnb.ddb.de abrufbar.
ISBN-13: 978-3-593-38138-1 (Band 4)
ISBN-10: 3-593-38138-9 (Band 4)
ISBN-13: 978-3-593-38141-1 (Gesamtedition)
ISBN-10: 3-593-38141-9 (Gesamtedition)

Limitierte Sonderausgabe 2006

Umschlaggestaltung: Guido Klütsch, Köln
Satz: Fotosatz L. Huhn, Maintal-Bischofsheim
Druck und Bindung: Ebner & Spiegel, Ulm
Gedruckt auf säurefreiem und chlorfrei gebleichtem Papier.
Printed in Germany

Besuchen Sie uns im Internet: www.campus.de

Zeitgewinn durch Selbstmanagement

Handelsblatt Karriere und Management
Band 4

Martin Scott ist Experte für Selbstmanagement und Kommunikation. Er leitet seit vielen Jahren Zeitmanagement-Kurse für Manager.

Inhalt

Einleitung

Als ich mit meiner Dozententätigkeit am Ashridge Management College anfing, hatte ich keine Erfahrung als Lehrer oder Schulungsleiter. Das College schickte mich freundlicherweise auf sein vierwöchiges »General Management Programme«, den so genannten »G«-Kurs. Ich verbrachte einen aufregenden Monat damit, gleichzeitig zuzuhören und den praktischen Ablauf zu beobachten. Welche Trainer hatten den meisten Erfolg? Und wie machten sie das?

Meine wichtigste Erkenntnis war die, dass man in einem Schulungsraum wie auf einer Bühne steht und eine Vorstellung geben muss. Es gibt ganz unterschiedliche Möglichkeiten, eine solche Vorstellung zu geben, und jeder Trainer muss seinen eigenen Stil finden. Alles ist erlaubt, nur eines nicht: langweilig sein.

Für ein Buch gilt das gleiche, deshalb möchte ich dem Leser mit Humor, Beispielen und Analogien über die folgenden Seiten helfen.

An wen richtet sich dieses Buch?

Da ich Zeitmanagement-Kurse für Manager leite, sind diese die Hauptzielgruppe. Vor allem junge Führungskräfte, die noch am Beginn ihrer Karriere stehen, wissen oft nicht genau, wie sie effektiv mit ihrer Zeit umgehen können. Ich hoffe aber, dass auch andere viel Nützliches in diesem Buch finden.

Ich habe mich für das Thema Zeitmanagement interessiert, weil ich selbst nie genug Zeit hatte. Wie viele Menschen, die in Zeitungsredaktionen und anderen Branchen unter ständigem Termindruck arbeiten, hatte ich das unangenehme Gefühl, die Dinge oft nicht richtig im Griff zu haben.

Vor einigen Jahren wurde mir die Leitung des »G«-Kurses übertragen. In dieser Funktion war ich unter anderem für den Kursinhalt verantwortlich. Verschiedene Teilnehmer erwähnten in einer Einführungsstunde das Zeitmanagement als besonderes Problem. Da dieses Thema nicht im Lehrplan enthalten war, bot ich an, ein Kurzseminar dazu vorzubereiten und einige Wochen später als wahlfreies Zusatzfach abzuhalten. Diesen Termin vor Augen bereitete ich voller Elan meine erste Stunde vor, und seitdem hält mich das Thema gefangen.

Die meisten Zeitmanagement-Ratgeber wurden von besonders gut organisierten Leuten geschrieben und stecken voller gut gemeinter kleiner Weisheiten wie »Nehmen Sie jedes Blatt Papier nur einmal in die Hand« – ein ehrenwertes Ziel, aber nicht unbedingt sehr hilfreich. Dieses Buch will Ihnen weniger vorschreiben. Es geht Zeitproblemen auf den Grund und möchte den Leser zur Selbstanalyse anregen. Es ist also ein Buch für schlecht organisierte Leute, die ihr Zeitmanagement verbessern wollen. Ich bin der Ansicht, dass wir das am besten vermitteln können, was wir selbst am dringendsten lernen müssen. Vieles in diesem Buch – das muss ich gestehen – beruht auf persönlicher Erfahrung. Ich komme aus einer desorganisierten Vergangenheit.

Zu den spannendsten Entwicklungen in der Managementtheorie der letzten Jahre zählt das Konzept des »Total Quality Management«. Edgar Wille beschreibt es anschaulich in *Quality: Achieving Excellence.*

Man schätzt, dass Qualitätsmängel in herkömmlichen Fertigungsbetrieben 20 bis 30 Prozent der Gesamtkosten verursachen. Sie entstehen durch Materialabfall, Nacharbeitung, Nachprüfungen, Hinterherjagen und Antreiben. Alle diese Kosten könnten vermieden werden, wenn alle Arbeiten beim ersten Mal und jedes Mal ordnungsgemäß ausgeführt würden.

Dass dem nicht so ist, wird oft als unabänderliche Tatsache hingestellt: »So ist eben der Mensch«, »Mit Fehlern muss man rechnen«, »Man kann nicht alles haben«, so oder ähnlich lauten die lapidaren Kommentare. Total Quality Management stellt diese Auffassung in Frage und fordert hundertprozentige Qualität.

Fakt ist: In Dienstleistungsunternehmen entstehen fast 40 Prozent der Gesamtkosten durch schlechte Qualität.

Wie viel bezahlen Sie persönlich für mangelhafte Qualität? Wie viel Zeit verbringen Sie damit, etwas zu suchen, anderen hinterherzulaufen, zu kontrollieren, sich zu entschuldigen, Beschwerden zu bearbeiten, Probleme und Krisen zu bewältigen, kurz, all das zu tun, was überflüssig wäre, wenn alle Beteiligten immer absolute Qualität liefern würden? Eine Frage, die viele Manager fürchten, weil sie einen Großteil ihrer bisherigen Arbeit beschreibt. Und Sie als relativer Neuling haben die besten Chancen, an sich und ihrer »Selbstorganisation« zu arbeiten!

Absolute Qualität muss von klaren Voraussetzungen ausgehen. Wie soll man wissen, ob man's richtig gemacht hat, wenn man nicht weiß, was »richtig« bedeutet? Qualität wird immer im Sinne des Kunden definiert. Zum TQM-Ansatz gehört auch, dass jeder seine Arbeit, Systeme und Produkte bewertet und ständig nach Verbesserungsmöglichkeiten sucht.

Im Unterbewusstsein vieler Menschen wurde die Welt in der Kindheit als stabiler Ort angelegt, in dem »Veränderung« eine vereinzelte Verunsicherung darstellt. Das Total-Quality-Konzept fordert stattdessen die ständige Verbesserung, das »kaizen«, wie die Japaner sagen: Alle wissen, dass sie nächsten Monat bessere Arbeit leisten werden als in diesem, dass sie morgen besser sein werden als heute und dass es am Einzelnen liegt, diese Vorstellung Wirklichkeit werden zu lassen.

Mein Buch folgt der Idee des kaizen. Es lädt Sie dazu ein, Ihre Anforderungen zu analysieren, Ihre Systeme und Verfahrensweisen zu überdenken und Strategien dafür zu entwickeln, in der Zukunft bessere Arbeit zu leisten. Nutzen Sie dieses Wissen, um Ihrer Karriere einen positiven Kick zu geben.

Ich bedanke mich bei den Teilnehmern am Kurs G883 für den ersten Anstoß und bei den vielen tausend Managern, mit denen ich gearbeitet habe und durch deren Teilnahme jeder Kurs einzigartig war. Sie haben durch ihre Arbeit dazu beigetragen, dass ich die Probleme besser verstand und Lösungen entwickeln konnte.

Mein Dank gilt auch jenen, die vor mir das Thema Zeitmanagement bearbeitet haben und aus deren Büchern ich gelernt habe, sowie allen, die an der Entstehung dieses Buchs mitgewirkt haben.

1.
Was ist Zeitmanagement?

Leitfragen

Haben Sie eine konkrete Vorstellung von »Zeit«?
Wie gut funktioniert Ihr Selbstmanagement?
Welche »Zeitfresser« kennen Sie?

Haben Sie eine konkrete Vorstellung von »Zeit«?

Die Zeit ist ein wertvolles Gut. Sie verstreicht in unerbittlichem Takt: 60 Sekunden in der Minute, 60 Minuten in der Stunde. Vergangene Zeit kann niemals wiederkehren. Zeit ist ein demokratisch verteiltes Kapital: Jeder bekommt 24 Stunden am Tag, sieben Tage die Woche. So reich einer auch sein mag, mehr Zeit kann er sich nicht kaufen. Man kann Zeit nicht horten, leihen, stehlen oder in irgendeiner Weise verändern. Man kann sie nur so gut nutzen, wie es geht. Von allen Ressourcen, die uns zur Verfügung stehen, scheint die Zeit am schlechtesten verstanden und verwaltet zu werden. Immer wieder beklagen sich die Menschen, sie hätten zu wenig Zeit. Dabei haben wir alle Zeit, die es gibt.

Wir erleben die Zeit nicht immer gleich. Sie scheint sich dahinzuschleppen, wenn wir uns langweilen, nichts zu tun haben oder ungeduldig auf etwas warten – denken Sie nur daran, wie lange eine Minute erscheint, wenn Sie darauf warten, dass das Teewasser kocht, die Ampel auf Grün schaltet, der Angerufene den Hörer abnimmt oder der Computer Ihnen Datenzugriff gewährt. Und dann wieder scheint sie zu rasen, wenn wir beschäftigt sind, etwas interessant finden oder uns amüsieren.

Wir können auch das Gefühl haben, dass die Zeit immer schneller vergeht. Wer zwei Wochen Urlaub hat, meint, die zweite

Woche gehe schneller vorbei als die erste. Das Gleiche gilt für Managerkurse und leider wohl auch für das Leben: Die zweite Hälfte verstreicht schneller als die erste. Dies hat etwas mit unserer Perspektive zu tun. Mit 15 erscheint ein Jahr sehr lang. Später kommt es vielen von uns so vor, als rase ein Jahr nach dem anderen mit enormer Geschwindigkeit vorbei. Und selbst jetzt, wo Sie vielleicht gerade einen ersten Karrieresprung wagen oder wagen wollen, ist schon Ihr Studium in weite Ferne gerückt und erscheint als eine Phase, in der Sie alles in Ruhe erledigen konnten.

Geht es Ihnen auch so? Und beunruhigt Sie dieser Gedanke? Umso besser. Wenn Sie eine Gutenachtlektüre suchen, sollten Sie es mit Jeffrey Archer versuchen. Der Filmemacher John Cleese hat einmal gesagt, dass er den Erfolg seiner Video-Arts-Filme nach ihrem »squirm factor« bemisst – danach, wie stark die Leute sich beim Zusehen winden und krümmen. Das Gleiche gilt für dieses Buch: Wenn Sie gelegentlich zusammenzucken, weil Sie sich selbst wieder erkennen, erfüllt es seinen Zweck.

Das eigene Leben in der zeitlichen Perspektive zu betrachten ist die beste Möglichkeit, ins Thema »Zeit« einzusteigen. Überlegen Sie, wie Sie früher waren – versetzen Sie sich beispielsweise in Ihre Studienzeit oder in Ihre Traineephase zurück –, und blicken Sie dann in die Zukunft. Wählen Sie einen bestimmten Zeitpunkt in der Vergangenheit, etwa heute vor fünf Jahren, und versuchen Sie dann, sich vor dem geistigen Auge ein klares Bild von dem Menschen zu machen, der Sie damals waren. Die folgenden Fragen helfen Ihnen dabei:

Fragebogen

Wie alt waren Sie?
Wie haben Sie ausgesehen?
Wie waren Sie angezogen?
Wo haben Sie gelebt?
Waren Sie privat fest gebunden?
Hatten Sie Kinder?
Falls ja, wie alt waren sie damals?
Welchen Sport betrieben Sie?

Wo verbrachten Sie Ihren Urlaub?
Wo haben Sie gearbeitet/studiert/gelernt etc.?
Was haben Sie in den letzten fünf Jahren erreicht?
Wie schnell sind diese Jahre vorbeigegangen?

Fünf Jahre sind keine lange Zeit, nicht wahr? Sie sind sehr schnell vergangen. Die vorletzte Frage bereitet meist die größten Schwierigkeiten. Was haben Sie in den letzten fünf Jahren erreicht?

Jetzt schauen wir in die Zukunft. Der Blick nach vorn ist schwierig und hypothetisch, doch Sie sollten es eimal versuchen. Da offenbar jedes Jahr schneller verstreicht als das davor, lasse ich Sie zum Ausgleich zehn Jahre in die Zukunft blicken. Als Hilfestellung wieder einige Fragen:

Fragebogen

Wie alt werden Sie sein?
Wie werden Sie aussehen?
Wo werden Sie leben?
Wie alt werden Ihre Kinder sein?
Welcher Tätigkeit werden Sie nachgehen?
Wo möchten Sie bis dahin sein?
Was wollen Sie erreichen?
Was möchten Sie bis dahin tun?

Das war nicht sehr nett, oder? Aber es könnte wichtig sein. Ja, es ist so wichtig, dass ich Sie bitten möchte, die letzte Frage ausführlicher zu beantworten. Der Umgang mit der Zeit betrifft zwar das ganze Leben, nicht nur die Arbeit, doch Sie sollten Ihre Gedanken an dieser Stelle auf Beruf und Karriere beschränken. Da zehn Jahre für eine realistische Planung zu lange sind, möchte ich die Frage anders formulieren: Was wollen Sie in den nächsten zwölf Monaten in Beruf und Karriere erreichen? Listen Sie Ihre Ziele und Vorstellungen Punkt für Punkt auf. Und dann lesen Sie weiter.

Wie gut funktioniert Ihr Selbstmanagement?

Aus der Praxis

Stellen Sie sich Folgendes vor. An Ihrem nächsten Arbeitstag werden Sie zum Chef bestellt – nicht zu Ihrem Vorgesetzten, sondern zum »Big Boss« persönlich, zum höchsten Tier in der Firma. »Guten Tag. Hatten Sie ein schönes Wochenende? Ich habe eine Bitte an Sie. Es gibt da ein Projekt, das ich gerne Ihnen anvertrauen würde. Es ist von entscheidender Bedeutung für die Zukunft dieses Unternehmens. Sie werden ungefähr ein Jahr dafür brauchen, jeweils einen Tag in der Woche. Wir werden Sie zeitweise ins Ausland schicken, und Sie werden in Bezug auf dieses Projekt mir persönlich unterstellt sein. Leider hat die Sache einen kleinen Haken: Ich kann Sie nicht von Ihren bisherigen Verantwortlichkeiten entbinden. Können Sie dieses Projekt für mich übernehmen, zusätzlich zu Ihrem jetzigen Job?«

Na, wie sieht es aus, würden Sie zusagen? Ich habe den Verdacht, dass in den meisten Antworten irgendwo das Wörtchen »Ja« auftauchen würde. Manche würden »ja, bitte« sagen, andere »ja, wenn ...« oder »ja, aber ...«, und nicht alle würden ja sagen.

Die Erkenntnis aus dieser Geschichte ist die: *Wer ja sagt, gibt zu, dass er Zeit hat, wenn ihm etwas nur wichtig genug ist.* Wie wichtig sind die Ziele, die Sie sich für die nächsten zwölf Monate gesteckt haben? Wenn sie Ihnen wichtig genug sind, können Sie auch die Zeit dafür finden.

Viele Menschen behaupten, dass Zeitmangel ein großes Problem für sie darstellt, bis sie zu der unangenehmen Einsicht gelangen, dass Zeitmangel kein Problem, sondern ein Symptom ist – ein Symptom für unklare Ziele, falsch gesetzte Prioritäten, schlechte Planung. Leiden Sie schon zu Beginn Ihrer Karriere unter diesem Symptom, dann haben Sie aber in der Tat ein Problem!

Vielleicht hätte ich dieses Buch lieber *Ziele stecken, Prioritäten setzen* nennen sollen, doch das wäre zu langweilig.

Man hat mich in den letzten Jahren oft gebeten, Seminare zum Thema Zeitmanagement abzuhalten, doch niemand wollte je einen Kurs zum Thema »Ziele stecken, Prioritäten setzen« besuchen. Doch darum dreht sich alles. »Zeitmanagement« ist ein Schlagwort, mit dem sich Kurse (und hoffentlich auch Bücher) verkaufen lassen, aber ein unsinniger Ausdruck, sobald man näher darüber nachdenkt: Man kann Zeit nicht »managen«. Zeit verstreicht in unerbittlichem Takt: 60 Sekunden in der Minute, 60 Minuten in der Stunde ... – daran ist nichts zu ändern. Tatsächlich kann man nur eines managen – sich selbst. Das treffende Thema dieses Buchs lautet deshalb »Selbstmanagement«. Es handelt von IHNEN, von Ihrer Arbeitsweise, von Ihrer Lebensgestaltung.

Wenn das so ist, dann bringen Tricks und Techniken zur Einsparung einiger Minuten keine Lösung. Beim Zeitmanagement geht es nicht um Geschwindigkeit, sondern um konkrete Formen von Effektivität.

Also: Wie managen Sie sich selbst? Was hält Sie davon ab, effektiver zu sein? Schalten Sie Ihr Gehirn ein und schreiben Sie auf, was Sie daran hindert, bei Ihrer Arbeit effektiver zu sein. Was genau »frisst« Ihre so kostbare Zeit?

Welche »Zeitfresser« kennen Sie?

Das Material zu diesem Buch ist das Ergebnis von Managementkursen, bei denen sich die Teilnehmer aktiv einbringen. Ich werde also auch Sie von Zeit zu Zeit zum Mitmachen auffordern. Wenn Sie lieber in Höchstgeschwindigkeit darüber hinweglesen wollen, ist das Ihre Sache. Das Buch dürfte Ihnen und Ihrer Arbeitsweise aber viel mehr bringen, wenn Sie eigene Erfahrungen beisteuern.

Erste Frage: Wodurch geht Ihnen bei der Arbeit Zeit verloren? Was genau hindert Sie daran, effektiver zu sein?

Zeitfresser – Ihre persönliche Liste

1. ....
2. ....
3. ....
4. ....
5. ....
6. ....
7. ....

Die folgende Aufzählung umfasst alle typischen Punkte, die Manager bei Seminaren zum Thema Zeitmanagement zusammenstellen. Sie ist nicht vollständig, hat aber sicher eine gewisse Ähnlichkeit mit Ihrer Aufstellung.

Zeitfresser

- Unterbrechungen
- Meetings
- Telefon
- Krisen und Panik
- Der Chef
- Technische Störungen (Computerprobleme)
- Leuten hinterherjagen
- Mangelnde Mittel
- Papierkorb-Post
- Lesen
- Formulare ausfüllen
- Reisen
- Kollegengespräche

Damit haben wir unsere Speisekarte. Mit all diesen Problemen werden wir – Sie und ich – uns in diesem Buch beschäftigen. Bei der Leitung von Seminaren fallen mir im Laufe des Tages immer noch einige Zeitfresser ein, die auf der ursprünglichen Liste vergessen wurden. Wahrscheinlich wird es Ihnen beim Lesen dieses

Buchs genauso gehen. Behalten Sie also Ihre erste Liste im Kopf, und ergänzen Sie sie gegebenenfalls später.

Um eines klarzustellen: Jeder Mensch hat einen anderen Charakter und Hintergrund und meist auch einen anderen Job, sodass nicht alle mit den gleichen Problemen konfrontiert werden und die gleichen Antworten gebrauchen können. Es ist auch nicht meine Absicht, Ihnen in diesem Buch »die Antwort« zu präsentieren. Ich beschreibe häufige Schwierigkeiten und Ideen, die andere als hilfreich empfunden haben. Aber gerade Menschen, die am Beginn Ihrer Karriere stehen, haben oft ähnliche Fragen und Probleme. Betrachten Sie das Buch als Speisekarte für die Zusammenstellung eines persönliches Menüs. Schmecken Ihnen einige der Ideen nicht oder passen sie nicht zu Ihrer Situation – kein Problem! Sie können etwas Zeit sparen und zum nächsten Thema weiterblättern. Haben Sie am Ende des Buches zwei oder drei Ideen kennen gelernt, die Sie mitnehmen und umsetzen können, dann haben sich der Kauf des Buchs und die ins Lesen investierte Zeit schon gelohnt.

Tipps für Ihren Erfolg

Formulieren Sie klare Ziele für die Zukunft.
Nehmen Sie sich dafür Zeit.
Finden Sie die Störfaktoren in Ihrem Berufsalltag heraus.

2.
So setzen Sie Prioritäten

Leitfragen

Was verstehen Sie unter Maßnahmen mit hoher Hebelwirkung?
Kennen Sie das Pareto-Prinzip?
Und wissen Sie, wie man es anwendet?
Was können Sie von Spitzenmanagern lernen?
Wie setzen Sie die richtigen Prioritäten?

Aus der Praxis

Stellen Sie sich einen Mitarbeiter auf einem eher untergeordneten Posten vor, der einen recht einfachen Job zu erledigen hat. Nennen wir ihn Peter. Peter muss 40 Verantwortungseinheiten abarbeiten und erledigt das in einer 40-Stunden-Woche. Alles ist im Gleichgewicht, und Peter kann am Freitag glücklich und sorgenfrei nach Hause gehen.

Wir nehmen nun aber an, dass Peter ehrgeizig ist und vorankommen möchte. Will er vorankommen, muss er mehr Verantwortung übernehmen, sagen wir insgesamt 60 Verantwortungseinheiten. Jetzt steckt Peter in einem Dilemma. Wie kommt er wieder ins Gleichgewicht? Zwei Möglichkeiten liegen nahe: Entweder er arbeitet 60 Stunden die Woche, oder er findet einen Ausgleich.

Es besteht kein Zweifel daran, welche dieser beiden Möglichkeiten die vernünftigere ist. Lassen Sie mich ein einfaches Prinzip aufstellen: »*Es besteht kein Zusammenhang zwischen der Last betrieblicher Verantwortung und der zur Erfüllung dieser Verantwortung erforderlichen Zeit*«. Es kann unmöglich ein Zusammenhang zwischen Verantwortung und Zeit bestehen. Wenn es einen gäbe, wie könnte dann irgendjemand Vorsitzender von Bertelsmann oder Präsident von Frankreich sein? Deren Verantwortung ist im Vergleich zu Peters ungeheuer groß – oder auch im Vergleich zu Ihrer. Trotzdem hat die Woche selbst für einen an Schlaflosigkeit leidenden Workaholic nur 168 Stunden.

Was verstehen Sie unter Maßnahmen mit hoher Hebelwirkung?

Der Schlüssel zur Effektivität liegt unabänderlich in der Hebelwirkung. Aber was ist Hebelwirkung? (Anm. d. Ü.: In der Mechanik geläufig und im Finanzwesen gang und gäbe ist das Wort Leverage. Der Leverage-Effekt oder die Hebelwirkung bezeichnet eine im Verhältnis zur Maßnahme bzw. Ursache starke Wirkung.) Welche Elemente Ihres derzeitigen Jobs haben große Hebelwirkung? Welche Maßnahmen können Sie ergreifen, die jetzt ein wenig Mühe machen, aber Ihre Arbeitsergebnisse langfristig enorm verbessern? Beziehen Sie dabei Ihr Arbeitsumfeld, Ihnen unterstellte Mitarbeiter usw. in Ihre Überlegungen mit ein. (Ich schlage vor, dass Sie negative Maßnahmen wie »Fehler vermeiden« beiseite lassen, so wichtig diese sein mögen, und sich auf aktive, positive Schritte konzentrieren.)

Fragebogen

Maßnahmen mit hoher Hebelwirkung – Ihre persönliche Liste

1. ....
2. ....
3. ....
4. ....
5. ....

Meine Liste würde unter anderem folgende Punkte umfassen:

Ausbildung

Sie haben erste Führungsaufgaben übernommen. Bilden Sie Ihre Mitarbeiter aus, damit sie produktiver sein können, und bilden Sie sich selbst weiter. Wir können mangelnde Qualifikation als einen Zeitfresser betrachten, der aus unerklärlichen Gründen nicht auf unserer ersten Liste erscheint. Zum Beispiel haben viele Manager auf Ihrem Schreibtisch den modernsten Laptop stehen, dessen Gebrauch sie nie richtig gelernt haben.

Planung

Aktivisten stürzen sich mit Vorliebe kopfüber in die Arbeit und müssen sich einfach die Finger schmutzig machen. Würden sie nur einen Moment innehalten und planen, könnten sie viel Zeit und Kraft sparen. Geplant werden muss vieles im Berufsalltag: Wochen, Tage, Besprechungen und Telefongespräche zum Beispiel – mehr darüber später. Ich muss Sie allerdings warnen: Dieses Buch bietet keine Patentrezepte, und Planen ist nicht unter allen Umständen eine Tätigkeit mit hoher Hebelwirkung.

Es gibt nämlich Menschen, für die Planen ganz einfach das Höchste ist. Sie können den ganzen Tag damit zubringen, die Prioritäten immer wieder neu zu setzen – auch eine Möglichkeit, der Arbeit aus dem Weg zu gehen. Der Autor Peter Drucker hat für solche Leute folgenden Spruch parat:

»Planung nützt überhaupt nichts, wenn sie nicht irgendwann in Arbeit ausartet.«

Unter diesem Vorbehalt setze ich »Planung« auf die Liste der Maßnahmen mit hoher Hebelwirkung. Wenn Sie dieses Instrument richtig nutzen, werden Sie bald nicht mehr das Gefühl haben, alles alleine machen zu müssen (siehe auch »Delegieren«).

Entwicklung von Systemen

Dabei kann es sich um komplexe computergestützte Systeme handeln, die sehr viele Menschen einbeziehen, oder um einfache persönliche Systeme wie die Organisation des Schreibtischs oder Ihres

Terminkalenders. Sie alle sind jedoch darauf ausgelegt, Routineaufgaben künftig mit weniger Aufwand und besseren Ergebnissen abzuwickeln.

Kommunikation – Aufbau und Pflege von Beziehungen

Dies können Beziehungen zu Kunden, Lieferanten, Kollegen und Untergebenen sein. Ihr Aufbau und ihre Pflege sind eine weitere Maßnahme mit hoher Hebelwirkung, denn das Thema Kommunikation spielt bei jeder Karriereplanung eine entscheidende Rolle.

Delegieren

Auch das Delegieren gehört auf die Liste, obwohl Sie vermutlich nicht »Delegieren« antworten würden, wenn man Sie nach einem langen, harten Tag fragt, was Sie getan haben. Und die Anzahl der Tätigkeiten, die sie delegieren, nimmt sicherlich mit jeder Stufe auf der Karriereleiter zu. Wir müssen das Delegieren zunächst in seine Bestandteile aufspalten. Es umfasst die Festsetzung und Vereinbarung von Zielen, das Einschwören der Mitarbeiter auf diese Ziele (wozu meiner Meinung nach auch die Motivierung gehört) und unter Umständen ein gewisses Training.

Zusammengefasst sieht meine Liste mit Maßnahmen von hoher Hebelwirkung wie folgt aus:

- Ausbildung
- Planung
- Entwicklung von Systemen
- Aufbau und Pflege von Beziehungen
- Delegieren: Festsetzung und Vereinbarung von Zielen
- Delegieren: Einschwören anderer auf diese Ziele

Dies sind die wesentlichen Maßnahmen mit hoher Hebelwirkung. Sie können auf lange Sicht weitreichende Änderungen herbeiführen. Halten Sie nun einen Moment inne, um zu überlegen: Wie viel Zeit haben Sie in Ihrer letzten vollen Arbeitswoche tatsächlich auf Maßnahmen mit hoher Hebelwirkung verwendet? Notieren Sie das Ergebnis:

Letzte Woche

Zeiteinsatz für Maßnahmen mit hoher Hebelwirkung	... Stunden
Gesamtarbeitszeit	... Stunden
Anteil der Maßnahmen mit hoher Hebelwirkung	... %

Kennen Sie das Pareto-Prinzip?

Sie haben wahrscheinlich schon von der 80/20-Regel gehört, die zuerst der italienische Volkswirt und Soziologe Vilfredo Pareto aufgestellt hat. Auf die Arbeitszeit bezogen lautet sie: »*Zwanzig Prozent der Arbeitszeit entfallen auf Tätigkeiten, die achtzig Prozent der Ergebnisse produzieren, und achtzig Prozent der Arbeitszeit entfallen auf Tätigkeiten, die zwanzig Prozent der Ergebnisse produzieren.*«

Erinnern Sie sich an den ausgefüllten Fragebogen: Welchen Schnitt haben Sie in Ihrer Arbeitswoche erreicht? Sind Sie an Paretos Anteil von 20 Prozent effektiver Tätigkeit herangekommen? Oder blieben sie eher darunter? Manche Manager bleiben häufig weit darunter.

Aber genau das sind die Tätigkeiten mit hoher Hebelwirkung, in diesen Bereichen können Sie Ihre Effektivität langfristig enorm verbessern, hier sollten Sie Ihre Energie und Zeit einsetzen – dennoch schenken Sie diesen Tätigkeiten praktisch keine Beachtung. Warum?

An diesem Punkt wird das Thema Zeitmanagement allmählich interessant. Das Beispiel von Peter war lächerlich einfach: Die Antwort lag auf der Hand. Man braucht kein Buch, um darauf zu kommen.Trotzdem lernen viele Manager nicht einmal diese Lektion.Warum?

Es gibt einige Prioritäts-Fallen, in die wir tappen können. Nachfolgend habe ich die wichtigsten zusammengefasst. Auch Ihnen werden einige davon bekannt vorkommen.

Das Pareto-Prinzip

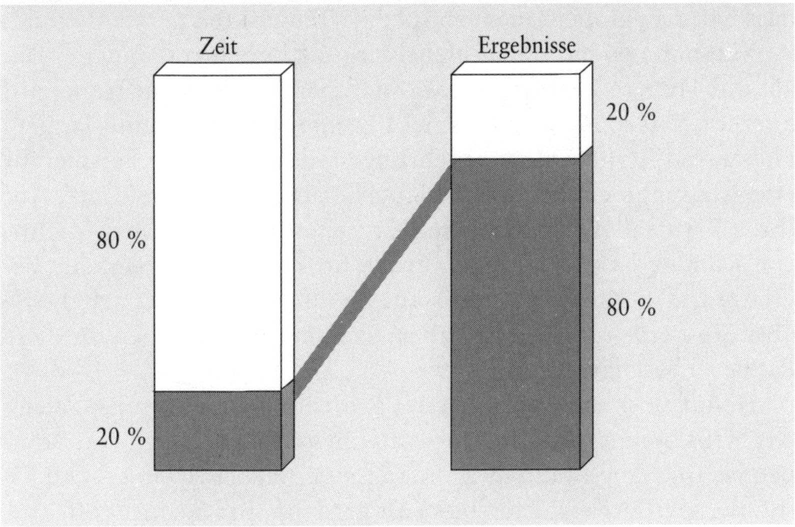

Was lenkt uns von den Prioritäten ab?

Falle Nr. 1:
Dringende Angelegenheiten, Krisen und Panik

Auch Sie müssen erkennen, dass Ihre Arbeit nie ganz vollbracht ist. Als Manager kann man nie auf dem allerletzten Stand sein. Das Gewissen erinnert an Kontrollen, die vielleicht noch notwendig gewesen wären, die Gedanken suggerieren Möglichkeiten, die man hätte ausbauen können.

Wenn Sie am Ende der Woche zwei Stapel anlegen – einen mit all den Dingen, die Sie in der Woche erledigten, einen mit den unerledigten Sachen –, in welchem Stapel finden Sie dann die Maßnahmen mit hoher Hebelwirkung? Nur zu oft warten sie auf Erledigung in der nächsten Woche – weil sie scheinbar nicht so dringend waren.

Wir werden von dringenden Angelegenheiten tyrannisiert. Wir erledigen das, was dringend ist, sofort und übergehen, was wichtig ist. Wir lassen uns die Prioritäten von Terminen diktieren. *Werden*

Dinge nur erledigt, wenn sie drängen, dann lebt man unter Dauerstress und befindet sich in permanenter Krise. Achten Sie darauf, dass Sie erst gar nicht in einen solchen Teufelskreis geraten!

Maßnahmen mit hoher Hebelwirkung beziehen sich in der Regel auf längere Zeiträume, Maßnahmen mit kurzem Hebel auf kürzere. Das klassische Beispiel für eine Maßnahme mit langem Hebel sind Brandschutzvorkehrungen, das klassische Beispiel für eine Maßnahme mit kurzem Hebel ist ein Feuerwehreinsatz. Auf Ihren Berufsalltag übertragen: Der Liefertermin für einen wichtigen Kunden ist plötzlich gefährdet; Sie müssen den Schaden begrenzen, den Kunden vertrösten, die Situation entschärfen ... – aber Sie werden keine Zeit haben, sich mit den Ursachen für diese Panne zu beschäftigen.

Damit sind wir zum Kern des Problems vorgedrungen. Wenn das Haus brennt, weiß man, was zu tun ist. Das Löschen von Bränden ist aber eine Maßnahme mit geringer Hebelwirkung. Sind Sie ständig mit Löscharbeiten beschäftigt, dann sind Sie nicht effektiv. Die eigentliche Aufgabe, die Maßnahme mit hoher Hebelwirkung, besteht aber darin, Brände zu verhindern.

Krisen und Paniksituationen wird es immer wieder geben, doch rate ich Ihnen, bei jeder Krise Folgendes zu tun:

1. Beseitigen Sie zunächst das unmittelbare Problem, d. h., löschen Sie den Brand.
2. Richten Sie folgende Frage an die eigene Adresse: »Wie kann ich sicherstellen, dass es nicht mehr zu einer Krise dieser Art kommen wird?« Oder, wenn Sie darauf absolut keinen Einfluss haben: »Wie kann ich sicherstellen, dass eine Krise dieser Art nicht so verheerend ist?« Der Weg dahin ist vielleicht lang und steinig, aber nur so schützen Sie sich davor, immer nur den Feuerlöscher zu spielen.

In manchen Branchen, zum Beispiel bei Bauunternehmen und im Verlagswesen, herrscht ständig Krisenstimmung: Die Organisation dort ist so schlecht, dass das Leben zu einer Abfolge von Krisen wird. Manager, die planen, können sich nie an ihre Pläne halten, und die meisten haben ohnehin jeglichen Versuch der Planung aufgegeben – in ihren Ohren hören sich meine Vorschläge lachhaft und idealistisch an. Ich weiß aus persönlicher Erfahrung, dass die Bewältigung dringlicher Angelegenheiten eine Tretmühle ist, die keine Zeit für Planung lässt. Aber ich weiß ebenso aus persönlicher Erfahrung, dass man ohne Planung nie aus dieser Tretmühle herauskommt (es sei denn, sie wird geschlossen). Die Rettung besteht darin, dass man die tieferen Ursachen der Probleme erkennt und beseitigt. Dieser Weg mag lang und hart sein, aber an seinem Ende wartet Gold. *Setzen Sie sich zum Ziel, nicht zum reinen »Krisenmanager« zu werden!*

Falle Nr. 2: Feuerlöschen macht Spaß

Seien Sie ehrlich – auch Sie haben nichts gegen eine kleinere Krise: Leute gehen hektisch aus und ein, der Adrenalinspiegel steigt, Sie müssen handeln, die Zeit vergeht im Flug. Das macht Spaß und gibt Ihnen das Gefühl, wichtig zu sein.

Um jedoch Brandschutzvorkehrungen zu treffen – sprich, längerfristig Pläne zu machen, Entscheidungen vorzubereiten –, müssten Sie womöglich die Bürotür schließen und nachdenken – und das kann langweilig sein.

Es ist also sehr verlockend, Feuerwehr zu spielen, wenn sich auch nur der kleinste Anlass dazu bietet, und so verschieben Sie die wirkungsvollere Aufgabe der Brandverhütung immer wieder auf morgen. Aber das beständige Aufschieben rächt sich spätestens, wenn die nächste Krise naht.

Falle Nr. 3: Das Tief nach dem Adrenalinstoß

Passen Sie auf, ob Ihnen folgendes Szenario bekannt vorkommt: Sie haben gerade eine fabelhafte Krise hinter sich, drei aufregende Stunden hektischer Aktivität, doch jetzt ist das Feuer aus, die Telefone haben aufgehört zu klingeln, Sie kommen zurück an Ihren Schreibtisch und ... nichts geschieht. Sie sitzen da und schieben Papiere hin und her, aber Sie bringen kaum etwas zuwege.

Dieses Problem hat ganz simple physiologische Ursachen. Die Adrenalinausschüttung während einer Krise gehört zur Flucht- bzw. Kampfreaktion. Unsere Vorfahren in den Savannen Ostafrikas erlebten solch einen Adrenalinausstoß, wenn sie sich von wilden Tieren bedroht sahen. Sobald eine Gefahr wahrgenommen wird, schüttet der Körper Hormone aus, die das Herz schneller und heftiger schlagen lassen und die Wachsamkeit erhöhen. Der Blutdruck steigt, und Blut strömt aus nicht unmittelbar benötigten Körperteilen wie dem Verdauungstrakt in die Muskeln, um die Kraft zu erhöhen. Die chemische Zusammensetzung des Blutes ändert sich so, dass es bei einer Verwundung schneller gerinnt.

Heute passiert all dies bereits in dem Moment, in dem Sie einen dummen Anruf von einem Kunden erhalten – eine ziemlich unangemessene Reaktion, finden Sie nicht?

Der in Handlungsbereitschaft versetzte Körper muss später wieder ins Gleichgewicht kommen, und Ihre Energie sinkt dementsprechend auf ein Minimum. Sie fühlen sich schlaff und können sich auf nichts mehr konzentrieren.

Wenn ich einen Vormittag lang unterrichtet habe, fällt es mir oft sehr schwer, am frühen Nachmittag irgendetwas Produktives zu tun. Die beste Lösung, die ich zur Simulation von Flucht oder Kampf gefunden habe, ist etwas körperliche Bewegung. Eine Viertelstunde Spazierengehen oder, noch besser, Schwimmen ist ein ausgezeichnetes Mittel, um Stress und Spannungen abzubauen, ob während des Tages oder am Abend. Dies kostet zwar etwas mehr Überwindung, als sich ein Gläschen einzugießen, doch bekommt es Ihnen wahrscheinlich viel besser. *Laufen Sie also einfach einmal eine Runde um den Block, danach ist der Kopf wieder frei.*

Falle Nr. 4: Feuerwehrleute werden befördert

In manchen Unternehmen gilt die Fähigkeit der Krisenbewältigung als wesentliche Voraussetzung für die nächste Karrierestufe. Nur wer sich in solchen Situationen bewährt – und das auch demonstrativ zur Schau stellt – darf aufsteigen.

Stellen Sie sich folgende Szene vor: Der neue Abteilungsleiter, der sich nur mit Feuerlöschen einen Namen gemacht hat, stürzt eines Morgens ins Büro und stellt fest, dass es nirgendwo brennt. Was tut unser Feuerwehrmann in diesem Fall? Richtig, er legt Feuer. »Los Leute, wir wollen hier ein wenig Action. Da sind noch nicht genügend Bälle in der Luft.«

Solche Menschen arbeiten am besten in krisenhafter Atmosphäre – und sie finden immer Wege, die Krise weitergehen zu lassen. Sie gehören zur Spezies der heroischen Manager, die ständig »in den Kampf ziehen«. Manchmal werden sie nach ihrem eigenen Adrenalin süchtig und können ohne knappe Termine überhaupt nichts mehr zuwege bringen. Mit der Zeit haben sie dann nichts lieber als Termine und Druck, Aufgaben ohne knappe Termine werden erst gar nicht erledigt. Diese Menschen lernen durch Berufserfahrung. Sie haben weder Zeit noch Kraft für andere Formen des Lernens oder der Entwicklung. Sie lesen keine Bücher, sie nehmen keine anderen Informationen mehr auf.

Ich bedaure jeden, der so einen Chef hat – und ich kann Ihnen nur raten, sich selbst niemals in einen solchen Chef zu verwandeln!

Falle Nr. 5:
Die liebe Routine

Ich habe noch keinen Finanzchef kennen gelernt, der nicht eine Viertelstunde am Tag damit zubringt, Zahlen zu addieren und Summen zu überprüfen. Nehmen wir an, eine Finanzverantwortliche hat in einer Direktionssitzung die schlechteren Argumente und wird von jemandem in milder Form abgekanzelt, sodass sie ziemlich niederschlagen abzieht.

Sie wird an ihren Schreibtisch zurückgehen, irgendwelche Papiere und einen Taschenrechner hervorholen und eine Viertelstunde lang Zahlen prüfen. Das kann sie gut. Das regeneriert ihr Selbstbewusstsein und ihr Ego. Das stärkt sie für den Rest des Tages. Und das ist verschwendete Zeit.

Wir haben alle unsere Hobbies und beruflichen Rückzugsgebiete. Was machen Sie um halb drei am Nachmittag, wenn Sie sich ein wenig gedrückt fühlen und nicht gerade von einer Krise in Atem gehalten werden? Haben Sie's auf die Liste Ihrer Zeitfresser gesetzt?

Viele Manager beschließen dann, mal eben »die Runde zu machen«. Sie nennen das »Management By Wandering Around« und meinen, es sei eine Maßnahme mit hoher Hebelwirkung – Ziel: die

Motivation der Mitarbeiter. Im Grunde aber machen sie dabei nur eine Pause und halten alle anderen von der Arbeit ab.

Eine meiner Lieblingsbeschäftigungen war das Zeichnen von Diagrammen. Geben Sie mir eine Aufstellung von Zahlen, und ich mache Ihnen daraus ein prächtiges mehrfarbiges Schaubild. Doch obwohl ich mir einreden kann, solche grafischen Darstellungen seien lebensnotwendig, sind sie im Grunde nichts weiter als ein netter Zeitvertreib, wie das Ausmalen in der Schule. Sie gehen vielleicht auf einen Plausch zu einem Kollegen, kopieren Unterlagen, die Sie nie brauchen werden, oder dekorieren den Schreibtisch um.

Wir alle brauchen hin und wieder eine Pause und vielleicht auch eine gemütliche Ecke, in die wir uns zurückziehen können, wenn wir uns ein wenig angeschlagen fühlen. *Wichtig ist jedoch, dass wir uns im Klaren darüber sind, was wir tun, und dies zeitlich auf ein vernünftiges Maß beschränken.*

In ihrer schlimmsten Ausprägung begegnen wir der Routinefalle, wenn Führungskräfte sich mit Aufgaben beschäftigten, für die sie vor ihrer Beförderung zuständig waren. Diese Aufgaben beherrschen sie, darin sind sie gut. Manager, die so etwas tun, richten doppelten Schaden an: Sie versagen bei ihren aktuellen Aufgaben und frustrieren ihre Nachfolger.

Falle Nr. 6: Sofortige Belohnung

Viele unter uns brauchen unbedingt sofort eine Belohnung. Leicht entsteht die Illusion von Leistung, wenn wir Punkte auf einer Liste abhaken. Wer bei Arbeitsbeginn zwanzig Aufgaben vor sich hat, freut sich, wenn er bei der Kaffeepause zehn abhaken kann. Das funktioniert aber nur dann so »gut«, wenn man sich immer erst an die kleinen Aufgaben macht – und dieser Weg führt zur Stagnation. Maßnahmen mit hoher Hebelwirkung sind meist langwieriger und bleiben dementsprechend für den nächsten Tag liegen.

Für manche Menschen wird das Abhaken zu einer Sucht, sodass sie ständig mit einer Liste herumlaufen. Kann man einen Blick darauf werfen, liest man oft Dinge wie »Zum Mittagessen gehen«. Auf solchen Listen kann man noch mehr solcher Punkte abhaken und sich so vormachen, entsprechend schneller voranzukommen.

Quantität erzielt man immer leichter als Qualität. Seien Sie also aufmerksam, und gewöhnen Sie sich an, nur wirklich wichtige Dinge auf Ihre persönliche Liste zu setzen!

Ehe wir zu den Lösungen für das Problem der Prioritätensetzung kommen, möchte ich noch einmal auf die Zeitfresser hinweisen, die zusätzlich aufgetaucht sind. Sind Sie bei einigen Aspekten zusammengezuckt, gehören sie auf Ihre Liste.

Zeitfresser

- Krisen und Panik
- Feuerlöschen macht Spaß
- Vernachlässigung des Brandschutzes
- Tief nach Adrenalinstoß
- Adrenalinsucht
- Routinearbeit
- Sofortige Belohnung

Und wissen Sie, wie man es anwendet?

Entscheidend ist also, wie Sie in Ihrem Job die richtigen Prioritäten setzen und damit immer effektiver und erfolgreicher sein werden. Dafür gibt es im Grunde nur zwei goldene Regeln.

Nehmen Sie sich mehr Zeit für Aufgaben mit hoher Hebelwirkung

Wer mehr als zwei Prioritäten setzt, der hat keine Priorität. Er verzettelt sich, kann Wichtiges von Unwichtigem nicht trennen und arbeitet letztlich uneffektiv.

Mir hat es in den letzten Jahren enorm geholfen, mich jeden Tag mit nur einer Priorität an die Arbeit zu machen. Natürlich können Sie als Gedächtnisstütze eine Liste mit 20 Punkten haben, doch dürfen Sie diese nicht mit einer Prioritätenliste verwechseln. Beginnen Sie den Tag mit einer »Aufgabe des Tages« – einer Tätigkeit mit hoher Hebelwirkung, die an diesem Tag alleinige Priorität genießt – und stellen Sie sicher, dass Sie in dieser Angelegenheit bedeutsame Fortschritte erzielen, gleichgültig was sonst geschieht und welche Krisen sich ereignen. Wenn Sie an einem Tag beispielsweise mit fünf für Sie wichtigen neuen Geschäftspartnern telefonieren, sich austauschen und Termine für ausführliche Gespräche vereinbaren, so haben Sie Ihrer Tagespriorität – Networking – glänzend entsprochen.

Erledigen Sie Aufgaben mit geringer Hebelwirkung möglichst schnell

Wie das geht, muss ich Ihnen wohl nicht erklären. Sie wissen es. Denken Sie an Ihren letzten längeren Urlaub. Was ist am letzten Arbeitstag davor im Büro passiert?

Ich wette, Sie waren gnadenlos. Sie haben in Windeseile ihre Liste abgearbeitet, Dinge erledigt, delegiert, fortgeworfen. Am Ende des Tages war die Liste abgehakt.

Warum arbeiten Sie nicht immer so und gewinnen Zeit für Aufgaben mit hoher Hebelwirkung? *Wenn wirklich Druck herrscht, werden die eigentlichen Prioritäten klar.* Beispiele: Vor dem Urlaub, bei Ablauf der Frist für ein Projekt, bei Einberufung einer wichtigen Konferenz. Da wissen Sie plötzlich, was Sie tun müssen und was Sie bleiben lassen können, Sie finden Möglichkeiten, die Dinge schneller abzuwickeln. Die Lösung kann also gut darin bestehen, dass Sie Aufgaben mit hoher Hebelwirkung einfach mehr von Ihrer Zeit zumessen und dadurch bei anderen Aufgaben automatisch mehr Druck schaffen.

Was können Sie von Spitzenmanagern lernen?

Ich habe zahlreiche Führungskräfte auf verschiedenen Ebenen der unterschiedlichsten Organisationen kennen gelernt. Was die erfolgreichen vom ehrenwerten Durchschnitt abhebt, ist schlicht die Fähigkeit, die richtigen Prioritäten zu setzen.

Spitzenmanager sind rücksichtslos, wenn es um ihre Prioritäten geht: Sie haben glasklare Vorstellungen davon, und sie schaffen es auf die eine oder andere Weise immer, ihnen viel mehr Zeit einzuräumen. Die große Mehrheit der ehrenwerten Durchschnittsmanager verschwendet Zeit damit, umherzueilen, Dinge ins Lot zu bringen, immer wieder das gleiche Problem zu lösen und irgendwie über die Runden zu kommen. Betrachten Sie sich nun einmal selbst: Zu welcher Kategorie würden Sie sich zählen?

Wer seine Prioritäten aus den Augen verliert, kann nicht effektiv sein. Ich halte dies für den entscheidenden Schlüssel zu effektivem Zeitmanagement und werde mich nicht dafür entschuldigen, wenn ich wieder und wieder darauf zurückkomme. Es folgt eine wahre Geschichte.

Aus der Praxis

Charles Schwab, früher Präsident von Bethlehem Steel, beklagte sich bei einem Berater über fürchterlichen Zeitdruck und versprach ihm »jede Summe im Rahmen der Vernunft«, wenn er ihm einen Weg zeigte, seine Zeit besser zu nutzen.

Der Berater sagte: »Zeitmanagement ist kein Problem. Ich mach's Ihnen gleich vor. Setzen Sie sich hin und schreiben Sie auf, was Sie morgen tun wollen – was ihnen einfällt, in beliebiger Reihenfolge. Jetzt gehen Sie die Liste durch und suchen die wichtigste Sache heraus, die wichtigste, nicht die dringendste. Setzen Sie diesen Punkt an den Anfang, suchen Sie die zweitwichtigste Sache und so weiter. Schreiben Sie dann die ganze Liste noch einmal nach Wichtigkeit geordnet.

Morgen, wenn Sie ins Büro kommen, fangen Sie mit der Sache ganz oben auf der Liste an und arbeiten daran, bis sie abgeschlossen ist. Dann machen Sie sich an die nächste Sache und so weiter. Keine Sorge, wenn Sie am Ende des Tages nicht ganz unten auf der Liste angekommen sind: Sie hätten keine bessere Arbeit leisten können. Als letzte Aufgabe des Tages schreiben Sie die Liste für den nächsten Tag und ordnen Sie nach Wichtigkeit.«

Einen Monat später erhielt der Berater einen Brief von Charles Schwab, in dem es hieß: »Danke, das war der beste Rat, den ich je bekommen habe«. Beigelegt war ein Scheck über 20 000 Dollar.

Ich erwarte nicht, dass Sie mir nach Lektüre dieses Kapitels 20 000 Dollar schicken, und ich weiß, dass Sie Ihre Zeit nicht so weit kontrollieren können (das kann auch kein Firmenpräsident). Auch im mittleren Management ist das nicht immer möglich. Die Moral ist jedoch klar: *Wenn Sie Ihre Prioritäten aus den Augen verlieren, können Sie niemals effektiv sein.*

Wie setzen Sie die richtigen Prioritäten?

Die französische Kavallerie soll im 19. Jahrhundert folgendes Motto gehabt haben: »Im Zweifelsfalle galoppieren!« Ich werde das Gefühl nicht los, dass dies im 20. Jahrhundert viele Manager zu ihrer Devise gemacht haben. Immer hektisch, immer betriebsam, den ganzen Tag lang. Aber was haben sie erreicht, wenn der Tag vorbei ist? Es macht keine Mühe, beständig betriebsam zu sein, das ist keine Kunst. Doch dafür werden Sie nicht bezahlt. Sie werden dafür bezahlt, effektiv zu sein, und effektiv sein heißt, die richtigen Dinge in der richtigen Reihenfolge tun. Es spielt keine Rolle, wie hart Sie arbeiten, wenn Sie nicht das Richtige tun.

Der moderne amerikanische Philosoph Ziggy Ziggler hat diese Erkenntnis gut zusammengefasst:

> »Die Hauptsache ist,
> die Hauptsache immer
> die Hauptsache sein zu lassen.«

Und genau darauf will ich hinaus. Sehen Sie sich die Liste Ihrer Maßnahmen mit hoher Hebelwirkung an. Fragen Sie sich: »Wozu bin ich hier?« *Schreiben Sie Ihre wichtigsten Ziele und die Aufgaben mit hoher Hebelwirkung auf eine Karte, die Sie so auf Ihren*

Schreibtisch platzieren, dass sie immer im Blickfeld ist und Ihnen sagt: »Dafür bin ich da«. Natürlich haben Sie auch viele andere Aufgaben, aber setzen Sie hier an, und Sie können langfristig etwas ändern. Wenn Sie dieses Prinzip schon am Anfang Ihrer Karriere verinnerlichen, wird aus Ihnen kein »Feuerlöscher« werden!

Tipps für Ihren Erfolg:

Lernen Sie, Wichtiges von Unwichtigem zu trennen.
Investieren Sie in Ihre und die Ausbildung anderer.
Planen Sie sinnvoll und effektiv.
Entwickeln Sie effektive Systeme.
Seien Sie kommunikativ.
Delegieren Sie sinnvoll.
Werden Sie nicht zum reinen Krisenmanager.
Setzen Sie echte Prioritäten.

3.
Die klassische Bremse: das Aufschieben

Leitfragen

»Aufgeschoben ist nicht aufgehoben« – kennen Sie das?
Welche Gründe sind die beliebtesten für das Verschieben?

»Aufgeschoben ist nicht aufgehoben« – kennen Sie das?

Brauchen Sie manchmal mehrere Tage, bis Sie sich an ein schwieriges Projekt oder eine unangenehme Aufgabe machen? Jedes Mal, wenn die Sache ansteht, fällt Ihnen etwas ein, das vorher noch zu erledigen ist. Auch lästige Dinge wie das Aufräumen des Schreibtischs werden plötzlich reizvoll und dringend, nur weil sich die unangenehme Aufgabe damit noch einmal aufschieben lässt. Manche Menschen entwickeln einen enormen Erfindungsreichtum, um das Aufschieben zu rechtfertigen, andere versinken einfach in Tagträume.

Haben Sie eine lästige Aufgabe dann halb erledigt, können Sie sich dabei ertappen, wie Sie verzweifelt nach Ausflüchten suchen und sich sehnlichst wünschen, dass doch jemand in Ihr Büro kommen möge. Selbst ein belangloses Telefongespräch werden Sie dann vielleicht als Segen empfinden. Und so verrinnt die Zeit …

Das Problem ist altbekannt. Im Englischen hat man dafür das imposante Wort »procrastination«, das vom lateinischen »procrastinare« kommt: für morgen aufheben, auf morgen verschieben. Die Erkenntnis »Procrastination is the thief of time« (»Aufschieben stiehlt die Zeit«) wurde vor über 250 Jahren von Edward Young niedergeschrieben und gilt heute so wie eh und je. Aufschieben stiehlt Ihnen Zeit, hindert Sie daran, etwas zu leisten, erhöht den Druck am folgenden Tag und führt zu Stress, der Verschlechterung Ihrer Beziehungen und letztlich zum Verlust der Selbstachtung. Und es ist Ihrem weiteren beruflichen Fortkommen nicht gerade förderlich!

Schlimmstenfalls wird es zur Gewohnheit und zum Lebensstil. Wir verfallen in kleine Rituale für den Tagesbeginn: die Zeitung lesen, den Schreibtisch aufräumen, Papierstapel neu ordnen, Kaffee trinken, einen Schwatz mit Kollegen halten usw. Haben auch Sie sich schon mit solchen zeitraubenden Gewohnheiten eingerichtet?

Aufschieben ist eine Form der Inkompetenz. Wie würden Sie es finden, wenn Ihr Computer eine halbe Stunde zum Aufwärmen bräuchte? Wie würden Sie es finden, wenn ein Verkäufer erst nach einer halben Stunde in die Stimmung käme, Sie zu bedienen? Wie würden Sie es finden, wenn Sie jeden Morgen eine halbe Stunde am Schreibtisch vertrödelten, ehe Sie sich an die Arbeit machen?

Ich rechne damit, dass Sie durch Leistung motiviert werden. Sie fühlen sich besser, wenn Sie etwas erledigen. Das Erledigen von Dingen, oder genauer, das Erledigen der richtigen Dinge, ist im Grunde das zentrale Thema.

Um etwas zu vollbringen, muss man die Sache anfangen und abschließen. Die Neigung zum Aufschieben attackiert uns an beiden Enden. Manchen fällt vor allem das Anfangen schwer. Sie warten, bis sich Druck aufstaut und der Termin in immer bedrohlichere Nähe rückt: »Unter Druck kann ich besser arbeiten.« Häufig leben sie in krisenschwangerer, stresserfüllter Atmosphäre, die sich auf die Kollegen überträgt. Unerwarteten Problemen sind sie stets schutzlos ausgeliefert. Andere können eine Sache nur schwer zu Ende führen. Sie sind leicht zu begeistern, ehrgeizig und übermäßig engagiert. Ihre Regale stehen voller ungelesener Bücher, und es fällt ihnen besonders schwer, auf dem Schreibtisch Ordnung zu halten. Gerne regen sie sich über Wichtigtuer auf, die so viel Wert auf nebensächliche Details legen – etwa darauf, eine Arbeit abzuschließen.

Welche Gründe sind die beliebtesten für das Verschieben?

Die Neigung zum Aufschieben hat viele Ursachen. Nachfolgend eine Auswahl mit einigen Vorschlägen, wie Sie diesen allgegenwärtigen Zeitfresser beseitigen können.

Die Aufgabe ist zu groß, ich weiß gar nicht, wo ich anfangen soll

Mein Vorschlag:
Nehmen Sie sich die Zeit, die Bearbeitung eines umfassenden Projekts zu planen. Untergliedern Sie die Aufgabe in Teile, die Sie bewältigen können. Der Gedanke an einen 100-Kilometer-Marsch würde uns die Kräfte rauben, doch können wir alle bis zum Ende der Straße gehen. Die gewaltige Aufgabe, einen Bericht abzufassen, lässt sich folgendermaßen einteilen:

- Gliederung des Berichts planen
- Erforderliche Informationen einholen
- Entwurf schreiben
- Bericht überarbeiten und fertig stellen

Keine dieser Teilaufgaben ist so gewaltig wie der komplette Auftrag. Setzen Sie sich für die Erledigung jeder Teilaufgabe eine Frist. So werden Sie auch eine größere Aufgabe, an deren Ausmaß Sie noch nicht gewöhnt sind, mit Bravour erledigen.

Eine schwierige Entscheidung ist zu treffen, ich weiß nicht, was ich tun soll

Mein Vorschlag:
1. Schätzen Sie die Wichtigkeit und Dringlichkeit der Entscheidung ab. In unserem Kulturkreis scheint Entschlussfreude be-

wundert zu werden, und bei unwichtigen Entscheidungen kann dies die richtige Haltung sein. Treffen Sie unwichtige Entscheidungen schnell, damit nicht ein unnötiger Perfektionismus das Fortkommen behindert. Werden aber wichtige Entscheidungen schnell getroffen, kann dies katastrophale Folgen haben. Entscheiden Sie also zuerst, *wann* zu entscheiden ist.
2. Holen Sie alle relevanten Informationen ein, die Sie für die Entscheidung benötigen, und lassen Sie sich von erfahrenen Leuten beraten, die Ihnen helfen können. Denken Sie aber daran, dass Sie nie über *sämtliche* Informationen verfügen werden.
3. Listen Sie alle Möglichkeiten auf, auch die unwahrscheinlichen. Legen Sie dann für jede Möglichkeit eine gesonderte Liste von Vor- und Nachteilen an – nicht nur gedanklich, sondern schriftlich.
4. In der Zeit, die bis zur Entscheidung verbleibt, sollten Sie sich darüber nicht den Kopf zerbrechen. Fällen Sie die Entscheidung nicht wieder und wieder neu. Konzentrieren Sie sich stattdessen auf die Recherche. Überlegen Sie, ob es noch andere Möglichkeiten gibt. Versuchen Sie, weitere Vor- oder Nachteile herauszufinden, und schreiben Sie diese stets auf. Stellen Sie Annahmen wieder infrage, von denen Sie vielleicht ausgegangen sind.
5. Zu dem Zeitpunkt, den Sie für die Entscheidung bestimmt haben, setzen Sie sich hin und treffen die Entscheidung.
6. Handelt es sich um eine Entscheidung großer Tragweite, schlafen Sie eine Nacht darüber, ehe Sie sich endgültig festlegen. So hat das Unterbewusste eine Chance, seinen Teil beizutragen. Es kann gut sein, dass Sie aufwachen und die Antwort wissen.
7. Haben Sie sich festgelegt, betrachten Sie die Sache als abgeschlossen. Denken Sie nicht weiter darüber nach.

Mit der Sache hängt etwas Unangenehmes zusammen

Zur Aufgabe gehört vielleicht, dass Sie jemandem gegenübertreten, einen Gefallen erbitten oder etwas riskieren müssen. Es kann sich zum Beispiel um einen Kollegen handeln, der Sie als Neuling einstuft und Sie das spüren lässt.

Mein Vorschlag:

- Analysieren Sie, was genau Ihnen Unbehagen bereitet. Vielleicht sollten Sie sich das Ziel setzen, dieses tiefere Problem ein für alle Mal zu lösen, indem Sie einen Kurs in Selbstbehauptung oder Rhetorik belegen.
- Stellen Sie die Bilanz der Vor- und Nachteile eines Aufschubs auf. Sie ist meist ein wenig einseitig:

Sie sehen: Die Nachteile überwiegen bei weitem. Also geben Sie sich einen Ruck und gehen Sie die Sache an!

Vorteile eines Aufschubs	Nachteile eines Aufschubs
Später ist mir vielleicht mehr danach. Ich könnte jetzt den Schreibtisch aufräumen. Ich muss Mary sehen, sobald sie ankommt.	Die Sache wird mich belasten. Das Problem kann sich nur verschärfen. Ich werden in Zeitnot geraten. Ich werde gestreßt sein. Mein Selbstbild wird angekratzt. Ich schaffe Druck für Kollegen.

Ich bin ziemlich niedergeschlagen, mir fehlt die Kraft

Mein Vorschlag:

Roger Black stellt in seinem Buch *Getting Things Done* eine ausgezeichnete Lösung für solche Situationen vor. Er bezeichnet sie als Management nach der BANJO-Methode. BANJO steht dabei für

Bang
A
Nasty
Job
Off

(etwa: Erledige das Unangenehmste zuerst). Es funktioniert wie folgt: Sie sind ein wenig niedergeschlagen – vielleicht erst um halb drei nachmittags, obwohl es manchen gleich am Morgen so geht. Werfen Sie nun einen Blick auf Ihre Liste mit den Aufgaben des Tages. Suchen Sie sich die unangenehmste aus, diejenige, auf die Sie sich am wenigsten freuen. Erledigen Sie diese Aufgabe auf der Stelle. Um bei dem vorherigen Beispiel zu bleiben: Rufen Sie den Kollegen, der Sie als Greenhorn behandelt, sofort an und vereinbaren Sie einen Termin.

Ich würde Ihnen nicht vorschlagen, den ganzen Tag so zu planen, doch meiner Erfahrung nach ist die betreffende Aufgabe meist eine Sache von fünf Minuten – ein unangenehmer Anruf oder Brief –, und ihre Erledigung bedeutet einen psychischen Auftrieb, der sehr viel Kraft spendet. Der Rest des Tages scheint dann plötzlich ganz einfach zu sein.

Ich komme am Morgen/Nachmittag so schwer in Schwung

Mein Vorschlag:

- Gewöhnen Sie sich an, wenige Minuten nach Ankunft am Schreibtisch ernsthaft an die Arbeit zu gehen. Setzen Sie sich folgende Leistungsnorm: »Ich werde spätestens zwei Minuten nach meiner Ankunft am Schreibtisch mit der geplanten Arbeit beginnen.« Wissen Sie bei einer vielschichtigen Aufgabe nicht sofort, wo Sie ansetzen sollen, fangen Sie einfach irgendwo an. So kommt das Gehirn auf Touren, und die meisten Aufgaben scheinen leichter zu sein, hat man Sie erst in Angriff genommen.
- Schneiden Sie alle naheliegenden Fluchtwege ab. Eine der einladendsten Möglichkeiten, einer unangenehmen Aufgabe zu

entkommen, ist eine leichtere, dringendere Aufgabe. Dies ist ein Grund dafür, dass unaufgeräumte, papierübersäte Schreibtische zu Ineffektivität führen. Räumen Sie also Ihren Schreibtisch auf, schließen Sie die Tür und setzen Sie sich möglichst so, dass Ihr Blick nicht aus dem Fenster oder auf andere fällt.
- Stecken Sie sich jedes Mal, wenn Sie meinen, ein Anfall von Aufschiebelust stehe unmittelbar bevor, einige Sofortziele. Machen Sie ein Spiel daraus, diese sofort anzugeben.

Ich glaube, ich kann Dinge schlecht zu Ende führen

Mein Vorschlag:
- Untergliedern Sie auch hier große Aufgaben in Teilaufgaben. Bringen Sie die Selbstdisziplin auf, erst eine Aufgabe zu erledigen, ehe Sie an die nächste gehen.
- Freuen Sie sich nicht zu sehr über Fortschritte, sondern sagen Sie sich stets, dass die Arbeit wenig wert ist, solange sie nicht vollendet ist.
- Belohnen Sie sich für abgeschlossene Aufgaben oder Teilaufgaben mit einer Tasse Kaffee, fünf Minuten Zeitungslektüre, einem Schwatz mit einem Kollegen oder einer anderen Wohltat nach Ihrem Geschmack.

Generell gilt: Überlegen Sie nach jedem Anfall von Aufschiebelust, warum Sie schwach geworden sind. Warum war es so schwer, an die Arbeit zu gehen? Welchen Fluchtweg habe ich benutzt? Wie kann ich so etwas das nächste Mal vermeiden? Mit der Zeit wird Ihr Hang, unangenehme Dinge beständig zu verschieben, dem Erfolgserlebnis weichen, das Ihnen die beschriebenen Strategien bescheren.

Zeitfresser

- Routineaufgaben
- Sofortige Belohnung
- Aufschieben

Tipps für Ihren Erfolg:

Lassen Sie sich von umfangreichen Aufgaben nicht abschrecken.
Entscheiden Sie planvoll und bewusst.
Stellen Sie sich unangenehmen Dingen.
Überlisten Sie eine spontane Lustlosigkeit.
Gehen Sie die Dinge sofort an.

4.
So managen Sie Ihren Schreibtisch und Arbeitsbereich

Leitfragen

Wie gehen Sie mit der täglichen Post um?
Wie »organisieren« Sie Ihren Schreibtisch?
Wie sieht Ihr Ablagesystem aus?
Nutzen Sie moderne Kommunikationsmittel adäquat?

Rund ein Drittel der Manager, die ich kennen lerne, scheinen in irgendeiner Form organisatorische Schwierigkeiten zu haben. Ein häufiges Symptom für dieses Problem ist der unaufgeräumte Schreibtisch. Manche Schreibtische sind phänomenal. Sie verschwinden unter Papierbergen, die durch Anhäufung schwieriger und langweiliger Unterlagen, ungelesener Berichte, halb vollendeter Arbeiten und der Fachzeitschriften des Vormonats entstanden sind. Manchmal findet sich irgendwo auch ein Schild mit der Aufschrift: »Ein Genie erkennt man am überladenen Schreibtisch.«

Falls Sie sich zu dieser Art von Genies rechnen, dann denken Sie doch einmal daran, wie oft Sie die Papierberge verzweifelt nach einem Dokument durchwühlten, das plötzlich sehr wichtig geworden ist, oder wie peinlich es war, wenn Sie hin und wieder auf einer Besprechung ohne Unterlagen oder Tagesordnung erschienen, weil sie diese nirgends finden konnten.

Gerade wenn Sie sich in einem Unternehmen neu positionieren wollen, ist der Eindruck, den Sie auf diese Weise machen, nicht gerade der beste. Was soll man von einem Menschen halten, der so viel Chaos verbreitet?

Denken Sie an die Gelegenheiten, bei denen Sie weniger unter Druck standen und sorgsam die Stapel durchblätterten, um zu sehen, ob irgendetwas bald kritisch würde. Insbesondere möchte ich, dass Sie an die furchtbare Krankheit denken, die man als Frühjahrsputz bezeichnet. Von Zeit zu Zeit bekommen Sie einen schweren Anfall dieses Leidens. Sie gehen besonders früh ins Büro, krempeln die Hemdsärmel hoch und verteilen die Papiere auf dem gesamten Schreibtisch und über den Boden. Sie sortieren die Sachen, legen einen Teil zu den Akten, werfen einen Teil weg und arrangieren sie schließlich säuberlich in neuen Stapeln auf dem Schreibtisch. Gegen Mittag sind Sie mit sich sehr zufrieden, weil doch tatsächlich die Oberfläche des Schreibtischs durchscheint und Sie am Vormittag so viel geleistet haben.

Aber das ist ein Trugschluss: Nichts haben Sie geleistet! Sie haben Papier hin und her geschoben. Das produziert nichts, verkauft nichts, motiviert niemanden. Das ist mit Sicherheit keine Tätigkeit mit hoher Hebelwirkung. Genau genommen ist es nicht einmal wirkliche Arbeit, sondern komplette Zeitverschwendung und gehört als solche auf die Liste der Zeitfresser. *Das Aufräumen des Schreibtischs ohne Änderung des Systems führt nur dazu, dass dort in wenigen Tagen das gleiche Chaos herrscht wie zuvor.* Das ich Ihnen nicht hätte sagen müssen, oder?

Dieses Drama spielt sich täglich in Tausenden von Büros ab. Führen andere es auf, ist es eine Komödie; spielt man selbst die Hauptrolle, ist es eine Tragödie. Unterschätzen Sie auch nicht Ihre eigene Rolle in diesem Stück, und denken Sie vor allem an das Publikum!

Dic zentrale Frage lautet: Was kann ich ändern? Wie kann ich von Anfang an meinen Arbeitsplatz so gut organisieren, dass es gar nicht so weit kommt?

Wie gehen Sie mit der täglichen Post um?

Landet ein Stück Papier auf Ihrem Schreibtisch, haben Sie drei Möglichkeiten:

1. Möglichkeit:

Stellen Sie sich zuerst folgende Frage: »Werde ich jemals etwas damit anfangen?« Sind Sie nicht absolut sicher, werfen Sie das Papier sofort weg! War es wichtig, wird es wieder kommen. Vielleicht erscheint Ihnen dies ein wenig riskant. Aber ist Ihnen beim rituellen Frühjahrsputz schon einmal aufgefallen, wie viele Papiere Sie ungelesen wegwerfen? Und einen Großteil der Papiere, die Sie nicht wegwerfen, behalten Sie nur, weil sie noch nicht alt genug sind – die kommen beim nächsten Mal an die Reihe. Was für ein Blödsinn! Warum werfen Sie die Sachen nicht sofort weg, wenn sie ankommen, und sparen sich die ganze Mühe? Haben Sie Mut zu strikten Regeln!

2. Möglichkeit:
Können Sie auf die Frage »Werde ich jemals etwas damit anfangen?« mit einem klaren »Ja, mit Sicherheit« antworten, dann lautet die zweite Frage: »Kann ich es sofort tun?« Sofortige Erledigung – dies ist das ursprüngliche und äußerst gesunde Prinzip des Zeitmanagements, und es muss nicht mit Ihrer Prioritätensetzung in Konflikt stehen. Erledigen Sie Arbeiten, die fünf oder weniger Minuten in Anspruch nehmen, sofort. Dies ist effektiver für die Firma, hilfreicher für die Kollegen und befreit vor allem Sie davon, die Sache auf dem Schreibtisch zu behalten, hin und her zu schieben und immer wieder auf Listen zu schreiben. Es wäre falsch, den ganzen Tag so zu planen, doch einfache Angelegenheiten sollten jedes Mal, wenn Sie Ihr Eingangsfach leeren (zweimal täglich?), sofort erledigt werden. Schreiben Sie Ihre Erwiderungen möglichst gleich handschriftlich auf das eingegangene Dokument.

3. Möglichkeit:
»Werde ich jemals etwas damit anfangen?« »Ja, mit Sicherheit.« »Kann ich es sofort tun?« Falls nicht, dann legen Sie das Dokument zu den Akten. Aber das tun Sie höchstwahrscheinlich nicht, oder? Sie legen es auf einen Stapel auf dem Schreibtisch. Und damit gehen die Probleme erst los.

Wie »organisieren« Sie Ihren Schreibtisch?

Aus der Praxis

Ich habe mich für das Thema Zeitmanagement interessiert, weil ich selbst nie Zeit hatte. Je mehr ich andere darin unterwies, desto besser wurde ich auf diesem Gebiet – bis auf einen Bereich. Ich hatte anderen geholfen, sich besser zu organisieren und ihre überladenen Schreibtische aufzuräumen, doch mir selbst wollte dies einfach nicht gelingen. Eines Tages sah ein Kursteilnehmer, der von meinen brillanten Ausführungen völlig hingerissen war, mein Büro. Sein Entsetzen war so groß, dass er sich eine Polaroid-Kamera auslieh, meinen Schreibtisch fotografierte und das Bild in der Gruppe herumgehen ließ. Meiner Meinung nach ging das etwas unter die Gürtellinie, doch es brachte mich noch einmal zum Nachdenken. Wie konnte ich ein Fach unterrichten, in dem ich in der Praxis versagte?

Ich las noch einmal alles, was ich zum Thema persönliche Organisation auftreiben konnte, und suchte verzweifelt nach Unterstützung, doch nichts half mir weiter. Mit einem Schlag wurde mir klar, dass die meisten Ratgeber von Leuten stammten, die meine Probleme nicht kannten, weil sie selbst so gut organisiert waren. Ich begriff dies als glänzende Gelegenheit: Ich als Betroffener musste selbst auf eine Lösung kommen, um anderen Betroffenen helfen zu können.

Ich wusste, dass dieses Problem bei Lehrern an Wirtschaftsschulen sehr verbreitet ist. Ich unterrichtete also alle meine Kollegen in einem kleinen Rundschreiben darüber, dass ich eine Selbsthilfegruppe für Leute mit »chronischen Schwierigkeiten in der Schreibtischordnung« gründen wollte. Die Reaktionen waren faszinierend. Sieben Kollegen haben mir umgehend geantwortet. Der Tenor war stets der gleiche: »Gute Idee, ich unterstütze Ihre Initiative zu hundert Prozent. Teilen Sie mir doch mit, was dabei herauskommt. Ich habe so viel zu tun, dass ich nicht zum Treffen kommen kann.« Diese Antworten veranschaulichen ein weiteres Symptom der Desorganisation: Gut organisierte Menschen finden immer die Zeit für interessante Aktivitäten, schlecht organisierte stehen meistens zu sehr unter Druck, um über ihren Horizont – sprich ihren Schreibtisch – blicken zu können.

Ein Kollege versprach, zum Treffen zu kommen, und vergaß es dann – ein weiteres typisches Symptom. Ein anderer Kollege, der den Ruf hat, von allen am schlechtesten organisiert zu sein, tauchte auch nicht auf. Einige Tage später erwischte ich ihn auf dem Gang und fragte: »Owen, warum sind Sie denn nicht gekommen?« Er sagte: »Das ist für mich kein Problem.« »Da habe ich aber ganz andere Dinge gehört.« »Nein«, antwortete er, »ich hab's gelöst.« »Das müssen Sie mir näher erklären.« »Na ja, jedes Mal, wenn ich ein Dokument bekomme, das wichtig sein könnte, lasse ich's von meiner Sekretärin kopieren. Dann kann sie mir immer die Kopie geben, wenn ich's nicht mehr finde.« Ich fürchte, das ist keine Lösung.

Den Vogel schoss ein Kollege ab, der zwei Monate später mit meiner Notiz wedelnd auf mich zutrat und sagte: »Das habe ich gerade gefunden. Wenn ich das gewusst hätte.«

Das Treffen der Selbsthilfegruppe hat trotz alledem stattgefunden. Wir diskutierten eine Stunde über persönliche Organisation und machten eine höchst interessante Entdeckung: Jeder konnte einen Lebensbereich nennen, in dem er sehr gut organisiert war, so chaotisch sein Schreibtisch auch aussehen mochte. Bei mir waren es die Finanzen. Ich weiß, was ich auf der Bank habe, wie mein Cash-Flow in den nächsten zwölf Monaten aller Wahrscheinlichkeit nach aussehen wird und was ich dem Finanzamt schulde. Alles ist bis ins Detail durchorganisiert. Einige meiner Kollegen fanden dies sehr erstaunlich. Wie hatte ich das geschafft? Indem ich mir vor vielen Jahren ein System ausgedacht habe, das sich leicht auf dem neuesten Stand halten lässt. Wenn auch Sie zu den klassischen Schreibtisch-Chaoten zählen: Welcher Bereich funktioniert bei Ihnen so reibungslos? Und was können Sie daraus lernen?

Lösungsansätze: Das eigentliche Problem erkennen

Wenn es Ihnen ernst damit ist, die Organisation Ihres Schreibtischs zu verbessern, dann stehen am Anfang einige Untersuchungen. Setzen Sie sich an Ihren Schreibtisch, wenn er einmal besonders wüst aussieht. (Vielleicht jetzt gleich?). Fangen Sie nicht an zu räumen, sondern setzen Sie sich einfach nur hin! Nehmen Sie ein Klemmbrett oder einen Notizblock und analysieren Sie die Lage. Betrachten Sie nacheinander jedes Stück auf dem Schreibtisch – Briefe, Werbung, Einladungen, E-Mails, Protokolle etc. – und beantworten Sie folgende Fragen:

- Was macht das da?
- Warum habe ich es dorthin gelegt?
- Warum habe ich es nicht zu den Akten gelegt?

Zwingen Sie sich, die Antworten auf diese Fragen aufzuschreiben. Manche müssen Sie sich immer wieder stellen. So zeichnen sich die wesentlichen Probleme ab, die gelöst werden müssen.

Das Aufräumen des Schreibtischs mag leicht erscheinen, doch seine *Organisation* – die Entwicklung von Systemen, durch die er ordentlich bleibt – wirft eine Reihe von Problemen auf und ist deshalb erheblich komplexer. *Die meisten bekommen diese Probleme nicht in den Griff, weil sie all ihre Kraft darauf verwenden, den Schreibtisch aufzuräumen, statt ihn zu organisieren.*

Lösungsansätze: Warum legen Sie Papiere auf den Schreibtisch?

Auf diese Frage höre ich sehr häufig die Antwort: »Weil ich sie noch nicht gelesen habe.« Viele haben das tief in der Psyche verwurzelte Gefühl, Aktenordner – auf Papier oder als Datei auf Ihrem PC – seien für abgeschlossene Vorgänge da. Ich habe viele Jahre gebraucht, um darauf zu kommen, dass sich Ordner im Gegenteil für Sachen verwenden lassen, die ich nicht gelesen habe.

Eine andere häufige Antwort lautet: »Wenn ich sie zu den Akten lege oder abspeichere, vergesse ich sie.« Aus den Augen, aus dem Sinn: Daran mag etwas Wahres sein. Das Problem ist nur, dass Ihr Blick gerade dann auf die unerledigte Sache fallen wird, wenn Sie mit einem schwierigen Bericht kämpfen, und Sie denken: »Oh, das mache ich jetzt gleich.«

Räumen Sie also die Papiere aus dem Blickfeld, aber stellen Sie sicher, dass Sie sie nicht vergessen. Dafür brauchen Sie ein zuverlässiges Listensystem. Schreiben Sie auf eine Liste, um was es genau geht, und legen Sie das Dokument zu den Akten. Ob Sie dieses System elektronisch in der Ordnerverwaltung Ihres Computers anlegen oder auf Papier arbeiten, ist letztlich egal. Verwenden Sie in der Zukunft die Liste als Handlungsauslöser, nicht das Dokument. Irgendwann müssen Sie den entscheidenden inneren Schritt von der *Dokumentensteuerung* zur *Listensteuerung* machen. Sie werden dann einen faszinierenden Unterschied zwischen Papierstapeln und Listen erkennen: Während ein Dokument in einem Stapel allmählich nach unten wandert, steigt ein Punkt auf einer Liste automatisch nach oben.

Oft wird auch folgende Entschuldigung vorgebracht: »Es gibt keinen Ordner/keine Datei mit der passenden Bezeichnung.« Hier kann vielleicht eine halbe Stunde Abhilfe schaffen, in der Sie sich Gedanken über Ihr Ablagesystern machen und einige neue Ordner anlegen (»Zur Vorlage«, »Besprechungen« etc.).

Als ich meinen eigenen Schreibtisch auf diese Weise untersuchte, hörte ich mich sagen: »Das habe ich nicht abgelegt, weil ich es noch nicht abgeschlossen habe.« Nach einer Weile hatte ich zwölf unerledigte Sachen gefunden, die zum Teil ein halbes Jahr auf dem Schreibtisch gelegen hatten und nicht mehr abzuschließen, sondern noch einmal von vorne zu bearbeiten waren. Mir dämmerte, dass ich chronische Schwierigkeiten damit hatte, Dinge zu Ende zu bringen.

Nehmen Sie also Ihren Schreibtisch genau unter die Lupe. *Haben Sie Ihre Probleme erkannt, dann versuchen Sie nicht, alle auf einmal zu lösen, das wäre zu viel verlangt.* Wählen Sie erst ein Problem aus, das recht häufig aufzutreten scheint. Wenn Sie beispielsweise mit der täglich eintreffenden Flut von E-Mails nicht zurechtkommen, dann entwickeln Sie zunächst ein logisches Ablagesystem für diese Unterlagen. Konzentrieren Sie sich darauf, diesem System ein paar Tage lang zu folgen. Das nächste Mal, wenn der Schreibtisch schlimm aussieht oder Sie die Energie dafür aufbringen können, analysieren Sie erneut die Lage, wählen Sie ein anderes Problem aus und entwickeln dafür ein System. So organisieren

Sie sich im Laufe von Wochen immer besser, und es wird Ihnen immer leichter fallen, den Schreibtisch unter Kontrolle zu halten.

Der nächste Schritt ist die Festlegung klarer persönlicher Normen. Eine Norm könnte lauten: »Schreibtisch jeden Tag vor dem Nachhausegehen aufräumen.« Räumen Sie jeden Tag auf, dauert es nie länger als zehn Minuten; warten Sie Wochen damit, kann es eine unmögliche Aufgabe sein.

Nebenbei bemerkt: Es zählt nicht als Tischabräumen, wenn man alle Teller vom Tisch in den Schrank fegt.

Lösungsansätze: Ist es ein chronisches Leiden?

In akuten Fällen empfehle ich den »Oldtimer«-Test. Untersuchen Sie morgen alle Papiere auf Ihrem Schreibtisch und ermitteln Sie aus rein wissenschaftlichem Interesse, welches am längsten dort liegt – einen Monat, ein Vierteljahr, ein halbes Jahr, ein Jahr? Möglicherweise entdecken Sie einige antike Stücke. Haben Sie das älteste Dokument ausfindig gemacht, dann überlegen Sie, wie wichtig es war. Meistens war es unwichtig. Wer schon während des Studiums mit diesen »antiken« Funden zu kämpfen hatte, wird im Job auf ähnliche Probleme stoßen.

Viele Bücher geben folgenden einfachen Ratschlag: »Nehmen Sie jedes Blatt Papier nur einmal in die Hand.« Das brachte mich auf eine weitere sadistische Übung für akute Fälle: Stellen Sie fest, wie oft Sie jedes Blatt Papier in die Hand nehmen. Legen Sie einen gespitzten Bleistift rechts auf Ihren Schreibtisch und markieren Sie damit jedes Blatt Papier, das Sie berühren, in der linken oberen Ecke: ein Strich, wenn es im Eingangsfach ankommt und Sie nachsehen, was es ist; ein Strich, wenn Sie es in den Aktenkoffer legen; ein Strich, wenn Sie es zu Hause herausnehmen; ein Strich, wenn Sie es am nächsten Morgen wieder aus dem Aktenkoffer nehmen; ein Strich, wenn Sie es hochheben, um darunter etwas zu suchen. Finden Sie 20 Striche auf ein und demselben Stück Papier, dann stehen Sie auf und schreien Sie, so laut Sie können: Es muss einen besseren Weg geben!

Chronisch Kranke müssen die Entwicklung ihres Systems von

der Abarbeitung des Rückstands trennen – sonst werden Sie mit der Zeit durchdrehen. Ich schlage vor, Sie besorgen sich einen zweiten Schreibtisch (die meisten chronischen Fälle haben schon zwei oder gar drei), legen alles darauf, was sich angestaut hat, und gehen beim Haupttisch nach dem neuen System vor. Erst wenn Sie Systeme entwickelt haben, mit deren Hilfe Sie den Haupttisch freihalten können, beginnen Sie damit, sich am anderen Tisch freizuschaufeln. Ich habe dafür ein Jahr gebraucht.

Sir John Harvey-Jones hat es einmal ziemlich treffend formuliert: »Ich mag Unordnung nicht. Sie kann zumindest bedeuten, dass die Führungskraft schlecht organisiert ist. Sie kann aber auch ein Zeichen mangelnder Klarheit sein und darauf hinweisen, dass der Mitarbeiter seinem Posten nicht gewachsen ist.« Sie sehen, wie belastend dieses Problem auch für Ihren weiteren beruflichen Weg sein kann! Leute mit überladenen Schreibtischen sagen häufig, ein aufgeräumter Schreibtisch sei ein Zeichen kranken Geistes. Ich glaube zwar manchmal, dass sie damit Recht haben, doch bedeutet ein unaufgeräumter Schreibtisch auf jeden Fall Stress, Zeitverschwendung und einen Gesichtsverlust vor den Kollegen – und die Krankheit ist heilbar.

Wenn Sie unbedingt mehrere Sachen auf dem Schreibtisch liegen haben müssen, dann stellen Sie sicher, dass es sich um die wichtigsten Projekte mit hoher Hebelwirkung handelt, nicht um den Schrott.

Wie sieht Ihr Ablagesystem aus?

Gehören auch Sie zu den professionellen Sammlern? Untersuchungen haben gezeigt, dass 80 Prozent der in Büros archivierten Dokumente nie wieder angesehen werden. Gehen Sie nicht nach einem Prinzip »für den Fall der Fälle« vor. Stellen Sie sich bei der Überlegung, ob etwas zu den Akten soll, lieber folgende Frage: »Welche Konsequenzen hätte es, wenn ich das jetzt wegwerfe und später doch brauche?« *Das exzessive Aufbewahren von Unterlagen ist ein Zeichen von Unsicherheit.* Und Ihr Ziel besteht doch eher darin, auch durch Ihr persönliches Ordnungssystem zu demonstrieren, dass Sie »die Sache« im Griff haben!

Unterlagen, die es wert sind, aufbewahrt zu werden, dürften es andererseits auch wert sein, wieder gefunden zu werden. Sie oder Ihre Sekretärin sollten also über einen Plan Ihres Ablagesystems verfügen, mit dem sich Dokumente leichter wieder finden lassen. Ein Kennzeichen eines guten Ablagesystems ist die verhältnismäßig geringe Zahl von Kategorien, wobei die Ordner – ob Datei- oder Aktenordner – selbst recht umfangreich sein können. Ein schlechtes System besteht aus 150 Ordnern, wobei in vielen nur ein einziges Blatt abgeheftet ist. Büroklammern sind in der Ablage ein Ärgernis: Sie fallen ab, oder andere Dokumente bleiben daran hängen. Heftklammern eignen sich besser. Und bei der Dateiverwaltung im PC nähern Sie sich sowieso dem papierlosen Büro an.

Eine Einrichtung, die mir geholfen hat, ist der »Komposthaufen«. Darauf kommt jedes eingehende Dokument, das ich wahrscheinlich nicht brauchen werde, bei dem ich mir aber nicht absolut sicher bin. Jeden Monat werfe ich die untere Hälfte dieses Stapels weg, ohne sie noch einmal anzusehen. Hin und wieder aber werden Dokumente darin relevant, und ich kann sie hervorholen. Dieser Stapel ist wie ein Abfalleimer, der nur einmal im Monat geleert wird.

Nutzen Sie moderne Kommunikationsmittel adäquat?

Computer erscheinen oft auf der Liste der Zeitfresser. Manche Benutzer müssen warten, bis sie einen Zugriff erhalten, oder sie werden von anderen mit höherer Priorität aus dem System geworfen. Andere beschäftigen sich einen Nachmittag lang mit den Geheimnissen des Grafikpakets oder surfen stundenlang im Internet, und wieder andere haben das Problem, dass Computer einfache Anweisungen nicht verstehen. Wir geraten in Sackgassen, aus denen wir nicht mehr herauskommen. Wir drücken »Hilfe«, aber erhalten keine, und »Cancel«, »Escape« oder »Log off« scheinen für den Computer plötzlich Fremdwörter zu sein. Das eigentliche Problem sind natürlich oft unsere *mangelhaften Kenntnisse.*

E-Mails eignen sich natürlich vorzüglich für die schnellere Kommunikation, sie erreichen das Gegenüber prompt, ohne direkt zu stören. Um auch dieses Mittel professionell und effizient zu beherrschen, sollten Sie sich mit dem meist automatisch installierten Adressbuch und mit Kopie- und Verteilerfunktionen unbedingt vertraut machen – damit wird der elektronische Schriftverkehr zu einer echten Zeit-Hilfe!

Auch das Telefon ist in den letzten Jahren immer raffinierter geworden. Nutzen Sie Möglichkeiten wie Rückruf, Anrufweiterleitung und Konferenzverbindung? Manche Manager haben schon Schwierigkeiten damit, einen Anruf weiterzuleiten. Anrufbeantworter sind ein Service für Ihre Kunden und Kollegen, vor allem, wenn in Ihrer Abwesenheit niemand Gespräche für Sie entgegennimmt. Und Mobiltelefone garantieren sowieso, wenn sie sinnvoll eingesetzt werden, eine optimale Erreichbarkeit.

Fax-Geräte sind schnell, flexibel und billig, und sie können häufig anstelle einer Besprechung eingesetzt werden. Das Fax hat wie eine E-Mail einen weiteren großen Vorzug: Im Gegensatz zum Telefon bringt es keine Unterbrechung.

Diktiergeräte eignen sich zum schnellen Festhalten von Gedanken ebenso wie zum Diktat. Fragen Sie Ihre Sekretärin, was Sie tun können, damit sie Ihren Diktaten leichter folgen kann.

Ein kleiner Wecker auf meinem Schreibtisch ist immer so eingestellt, dass er fünf Minuten vor dem nächsten Termin summt. So bin ich rechtzeitig fertig und habe den Kopf frei, um mich bis kurz vor dem Termin zu konzentrieren.

Machen Sie sich den Segen der modernen Technik so zunutze, dass Sie bzw. Ihr Zeitmanagement davon profitieren.

Eine kleine Übung zum Schluss: Gehen Sie an einem ruhigen Tag durch Ihr Firmengebäude und werfen Sie einen Blick in jedes Büro. Wie schätzen Sie nach dem allgemeinen Erscheinungsbild der Büros den Charakter der Menschen ein, die dort arbeiten? Betrachten Sie dann Ihr eigenes Büro:

Checkliste

- Hat dort alles seinen Platz, und ist alles an seinem Platz?
- Ist ein wesentlicher Bereich für die Arbeit frei?
- Steht das Telefon links auf dem Schreibtisch, und fällt das Tageslicht von links ein (bei Rechtshändern)?
- Ist der Computer so positioniert, dass man gut daran arbeiten kann?
- Verleiht etwas Persönliches dem Raum Charakter?

Wenn schon diese Äußerlichkeiten nicht stimmen, sollten Sie unbedingt das Thema Systematik am Arbeitsplatz angehen!

Sie haben sicher bemerkt, dass ich Zeitfresser, die neu aufgetaucht sind, am Ende jedes Kapitels zusammenfasse und meiner Hauptliste hinzufüge. Verfahren Sie mit Ihrer persönlichen Liste genauso. In diesem Kapitel haben wir sieben zusätzliche Punkte besprochen:

Zeitfresser

- Sofortige Belohnung
- Aufschieben
- Überladener Schreibtisch
- Frühjahrsputz am Schreibtisch
- Schlechtes Ablagesystem
- Keine zuverlässigen Listen
- Dinge nicht zu Ende bringen

Tipps für Ihren Erfolg

Arrangieren Sie sich nicht mit Ihrem Chaos.
Unterscheiden Sie spontan wichtige von weniger wichtigen oder unwichtigen Unterlagen.
Schließen Sie Vorgänge rechtzeitig gedanklich ab.
Optimieren Sie Ihr System kontinuierlich.

5.
Unterbrechungen als Störfaktor

»Das Leben ist eine Folge von Unterbrechungen«

Leitfragen

Wie beeinflussen Störungen Ihren Arbeitsrhythmus?
Wie können Sie Grenzen setzen?
Wie gehen Sie strategisch vor?
Worin besteht Ihr persönlicher Anteil?

Wie beeinflussen Störungen Ihren Arbeitsrhythmus?

Aus der Praxis

Ich sitze an meinem Schreibtisch und versuche, einen Bericht zu schreiben. Ich arbeite schon eine halbe Stunde daran. Die Gliederung ist inzwischen klar, und die Wörter beginnen zu fließen. Ich habe vier Absätze geschrieben, als ich das gefürchtete Klopfen höre. Es ist Eddie.

Nehmen wir an, ich brauche fünf Minuten, um mit Eddies Anliegen fertig zu werden. Wie viel Zeit wird mich das für die Arbeit am Bericht kosten? Zehn Minuten? Eine Viertelstunde?

Es wird viel schlimmer. Vor zehn Minuten ist die Hauspost gekommen. Mit großer Geistesgegenwart konnte ich mich überreden, sie nicht zu beachten und mich weiter auf den Bericht zu konzentrieren. Aber jetzt bin ich abgelenkt und kann genauso gut nachsehen, ob etwas Dringendes darunter ist. Und natürlich ist etwas Dringendes darunter – immer, wenn man es insgeheim nicht anders will. Also kümmere ich mich darum. Dann fällt mir ein, dass ich vorher noch ein Telefongespräch führen wollte, und ich erledige den Anruf. Jetzt habe ich den Faden so gründlich verloren, dass ich meine, eine Tasse Kaffee zur Beruhigung würde mir gut tun. In der Küche treffe ich Ian, und wir unterhalten uns zehn Minuten. So oder so komme ich an diesern Tag nicht mehr zu meinem Bericht. Wie viel Zeit hat es mich also effektiv gekostet?

Ich will Ihnen nun nicht raten, alle Unterbrechungen zu unterbinden, weil Ihre Funktion ja zum großen Teil darin besteht, Kollegen und anderen Geschäftspartnern zur Verfügung zu stehen. Vor noch nicht allzu langer Zeit waren Manager Männer, die sich hinter verschlossenen Türen versteckten, vor denen Sekretärinnen Wache hielten und niemanden ohne Termin durchließen: Zu solchen Verhältnissen möchte ich keine Sekunde zurückkehren. Heute sind wir jedoch zu weit in die andere Richtung gegangen. Das »Management der offenen Türen« ist zu einem Symbol für flache Hierarchien geworden: Die Tür muss jederzeit offen stehen. Wie oft sind die Probleme, die durch Ihre offene Tür hereinspazieren, Angelegenheiten mit großer Hebelwirkung?

Es gibt in jedem Beruf Tätigkeiten, die äußerste Konzentration erfordern. Wenn ich Manager frage, wie Sie solche Tätigkeiten bewältigen, erhalte ich meist Antworten folgender Art:

- »Ich verstecke mich im Schulungsraum, da ist kein Telefon.«
- »Ich komme früh ins Büro, wenn noch niemand da ist.«
- »Ich bleibe länger.«
- »Ich nehme die Sache mit nach Hause.«

Der allgemeine Konsens scheint dahin zu gehen, dass man zwischen neun und fünf im Büro nicht arbeiten kann. Aber das kann nicht richtig sein.

Wie können Sie Grenzen setzen?

Jeder Manager braucht eine Schranke, um sich vor Unterbrechungen zu schützen. Im Idealfall ist diese Schranke teilweise durchlässig, sodass sie eine wirkliche Krise nicht am Durchkommen hindert, aber Bagatellen aussperrt. Versuchen Sie, eine solche Schranke so früh wie möglich zu installieren – je eher die anderen sich daran gewöhnt haben, umso eher können Sie in Ruhe arbeiten.

Am besten ist eine eigene Sekretärin. Haben Sie keine, dann können Sie die Tür schließen und Ihr Telefon auf einen anderen Anschluss umstellen. Bei Besprechungen und Vorstellungsgesprächen ist dies zulässig, und es muss auch erlaubt sein, wenn Sie an eine Aufgabe gehen, die höchste Konzentration verlangt. Schließen Sie die Tür, müssen Sie auch das Telefon sperren. Wenn Sie keine Sekretärin haben, dann treffen Sie eine Vereinbarung mit einem Kollegen: »Nehmen Sie heute eine halbe Stunde die Anrufe für mich entgegen, dann mache ich's ein andermal für Sie.«

Ist nichts davon möglich, dann besteht die Lösung vielleicht darin, dass Sie zu Hause arbeiten – nicht um neun Uhr abends, sondern indem Sie früher heim- oder später zur Arbeit gehen.

Wenn in London in den letzten Jahren die U-Bahn durch Streik lahm gelegt war, brauchten manche Pendler drei bis vier Stunden zu ihrem Arbeitsplatz. Einige clevere Arbeitgeber wiesen ihre Leute an, nicht ins Büro zu kommen, sondern zu Hause zu bleiben: »Nehmen Sie Arbeit mit nach Hause und erledigen Sie alles, was geht, von dort aus.« Dabei stellten sie fest, dass viele Mitarbeiter daheim erheblich mehr leisteten als im Büro. Für manche Berufe – und Menschen – wäre es sicher sinnvoll, die Arbeit so umzustrukturieren, dass sie sich ein oder zwei Tage zu Hause verrichten ließe.

Spezieller Fall: Großraumbüros

Von manchen Managern wird sogar verlangt, dass sie in Großraumbüros arbeiten. Diese Büros bieten gewisse Vorteile: Die Mitglieder eines Teams können sich während des Tages untereinander austauschen, und bei geeigneter, weitläufiger Anordnung mit Schallschutzwänden und Isolierung lauter Geräte kann alles gut funktionieren. Wurde ein Großraumbüro aber unter den gleichen Gesichtspunkten wie ein Gefängnis eingerichtet – die Unterbringung zu möglichst geringen Kosten dient als Entschuldigung dafür, mehr Menschen pro Quadratmeter in den Raum zu quetschen als bei seiner Unterteilung möglich wäre –, dann hat dies meist katastrophale Konsequenzen für Leistungsfähigkeit und Arbeitsmoral. Sollten Sie in einem Großraumbüro arbeiten (müssen), dann beantworten Sie einmal die folgenden Fragen:

Checkliste

Ist Ihr Arbeitsbereich groß genug?
Ist er ruhig genug?
Ist er einigermaßen privat?
Lässt sich das Telefon umstellen?

Wie viele Manager haben eine Kosten-Nutzen-Analyse von Großraumbüros vorgenommen? Welche Einsparung bringt es, wenn man mehr Menschen in ein Büro quetscht? Wie wirkt sich das auf ihre Leistung aus?

Das Umfeld, in dem manche Menschen arbeiten sollen, ist grauenvoll. Wäre ich in einem Großraumbüro beschäftigt, würde ich mir Ohrenschützer kaufen, nicht kleine, diskrete, sondern große, flauschige Micky-Maus-Ohren. Diese würde ich immer aufsetzen, wenn ich mich konzentrieren muss, um den Leuten zu zeigen, dass ich nichts hören will.

Damit man in einem Großraumbüro wirklich gut arbeiten kann, muss es über mehrere Besprechungsräume verfügen, in denen man sich in Ruhe konzentrieren kann, und über eine gut funktionierende Zentrale, die Anrufe für Mitarbeiter entgegennimmt, die gerade nicht an ihrem Platz sind. Lesern, die in Großraumbüros arbeiten, schlage ich vor, gelegentlich eine Versammlung aller dort Beschäftigten einzuberufen, die wesentlichen Probleme einzugrenzen und Ideen zur Verbesserung der Arbeitsumgebung zu erörtern.

Großraumbüros können wie gesagt gut funktionieren. Bei einem neuen Versicherungsmakler in London arbeiten alle 60 Firmenangehörigen in ausgezeichneten offenen Räumlichkeiten, auch der Vorsitzende und die Teilhaber. Vielleicht ist das ein wichtiger Punkt.

Geeignete Signalisierungssysteme

Aus der Praxis

Eine meiner Lieblingsgeschichten handelt von einem hochrangigen Software-Ingenieur in einem Großraumbüro bei Hewlett-Packard. Die ständigen Unterbrechungen machten ihn fix und fertig. In seiner Verzweiflung kaufte er eines Tages den größten Teddybären, den er auftreiben konnte. Er setzte ihn auf den Aktenschrank neben seinem Schreibtisch und schickte jedem Mitarbeiter in seiner Abteilung folgende Notiz: »Lächelt der Teddybär Sie an, dann können Sie gerne an meinen Schreibtisch kommen und mit mir sprechen. Steht er auf dem Kopf und mit dem Gesicht zur Wand, dann will ich nichts hören, und wenn das Haus in Flammen steht.« Die nächsten beiden Tage machten sich zwar alle über den Manager und seinen Teddybären lustig, doch jeder erkannte darin den ernst gemeinten Versuch, ein echtes Problem zu lösen. Nach einigen Tagen konnte der Manager fast absolut sicher sein, dass man ihn zumindest mit Bagatellen in Ruhe ließ, wenn er den Teddybären umdrehte.

Wir benötigen ein sichtbares Signal dafür, dass wir in Ruhe gelassen werden wollen. Übernehmen Sie eine neue Funktion, in neuen Räumen, mit neuen Mitarbeitern, sollten Sie möglichst sofort klare Signale setzen. Dieses Signal kann schon darin bestehen, dass Sie sich mit dem Rücken zur Tür an den Schreibtisch setzen. Besonders wirksam ist dies bei Türen mit Sichtfenstern: So sehen Sie nicht, wenn Kollegen Ihnen zuwinken oder Gesichter schneiden. Es fällt den anderen nun schwerer, Sie zu unterbrechen.

Manche Manager hängen ein Schild an die Tür »BITTE NICHT STÖREN«, was ein wenig grob ist. Andere nehmen ein Schild mit der Aufschrift »BESPRECHUNG«, was ich für falsch halte, wenn es nicht stimmt. In manchen Bereichen von British Telecom verwenden Manager Verkehrsampeln – rot, gelb, grün. Auch das halte ich nicht für eine ideale Lösung.

Durchbricht jemand Ihre Schranke – Eintreten trotz geschlossener Tür, Missachtung des Teddybären etc. –, ist es wichtig, dass Sie auf die Grenzverletzung hinweisen, und zwar höflich. Gehen Sie hart mit der Zeit um, aber freundlich mit den Leuten. Treten Sie dem Eindringling entgegen, sodass er nicht bis zum Stuhl kommt. Begrüßen Sie ihn warm, lassen Sie ihn sein Anliegen vortragen und erklären Sie Ihre Lage. Weisen Sie darauf hin, dass Sie sich später mit der Sache befassen werden oder zurückrufen, sobald Sie mit Ihrem Bericht fertig sind, oder was es sonst ist, das Ihre Konzentration in Anspruch nimmt. Auch hier gilt: Wehret den Anfängen. *Lassen Sie einmal zu, dass ein Grenzverletzer sein Ziel durchsetzt, wird er es morgen wieder tun.*

Werden Sie regelmäßig von denselben Leuten unterbrochen, überlegen Sie, ob Sie nicht besser gemeinsam eine tägliche persönliche oder telefonische Besprechung zu einem festgesetzten Zeitpunkt vereinbaren. Wenn Karen weiß, dass wir uns jeden Tag um vier Uhr sehen, können die meisten Dinge bis dahin warten. Arrangieren Sie es möglichst so, dass die Besprechungen im Büro des anderen stattfinden: So haben Sie die Kontrolle über die Dauer der Unterredung.

Wie gehen Sie strategisch vor?

Gleichgültig, nach welcher Strategie Sie vorgehen, um sich vor Unterbrechungen zu schützen, habe ich einige Tips für Sie, wie es noch besser klappen kann:

- *Vermeiden Sie den Missbrauch Ihrer Strategie*
  Ein Kollege im Büro nebenan schließt stets die Tür, sodass sie keine Schranke mehr darstellt: Ist bei ihm Licht an, geh ich rein. Sie brauchen unbedingt eine Strategie zum eigenen Schutz. Setzen Sie diese mit Bedacht ein, werden die anderen sie eher akzeptieren.

- *Verhalten Sie sich fair und verbindlich*
  Wenn ich Sie erreichen möchte und Ihre Grenzen sind dicht, dann würde ich gerne vom Gesprächspartner am anderen Ende

der Leitung erfahren, wann Sie wieder verfügbar sind. Ich möchte auch in der Gewissheit eine Nachricht hinterlassen können, dass Sie diese erhalten und prompt darauf reagieren. Manche Leute, mit denen ich zu tun habe, sind darin sehr zuverlässig, und ich respektiere es, wenn sie ungestört sein wollen. Bei anderen weiß die Sekretärin nie, wo sie gerade sind oder wann sie zurückkommen. Hinterlasse ich eine Nachricht, verschwindet diese in einem schwarzen Loch. Unter solchen Umständen hämmere ich so lange an die Tür, bis ich die Barriere durchbreche. Die meisten Kollegen, die sich über Unterbrechungen beschweren, haben sich diese selbst zu verdanken. Sie sind anderen gegenüber unfair.

- *Ergreifen Sie Präventivmaßnahmen*
  Machen Sie kurz vor dem Beginn einer Arbeit, die hohe Konzentration erfordert, einen Rundgang und erfassen Sie Probleme, die sich anbahnen. Dadurch erhalten Sie oft freiere Bahn.

- *Führen Sie Regeln ein*
  In manchen Positionen ist es möglich, eine festgelegte Zeit für konzentrationsintensive Aufgaben zu reservieren. Sie könnten Ihre Kollegen vielleicht dazu erziehen, Sie von zehn bis zwölf in Ruhe zu lassen. Manche missverstehen jedoch diesen Ansatz: »Wenn Sie mich sehen wollen, kommen Sie zwischen neun und zehn vorbei. Den Rest des Tages habe ich zu tun.« Das sind die Zeitmanagement-Egoisten, die ihre Zeit auf Kosten aller anderen schützen. So etwas ist unfair. Wir müssen anderen zur Verfügung stehen, aber wir müssen auch die Möglichkeit haben, die Schotten dicht zu machen und uns zu konzentrieren.

Worin besteht Ihr persönlicher Anteil?

Unterbrechungen zählen zu den offensichtlichsten und ärgerlichsten Zeitfressern. Sie erscheinen in jeder Liste auf den vorderen Rängen und sind wirklich sehr kostspielig, nicht nur zeitlich, sondern auch in Bezug auf Motivation und Kreativität. Die meisten kennen das leicht euphorische Gefühl des Versunkenseins, das bei voller Konzentration auf ein Problem entsteht und die Zeit vergessen lässt.

Aber wie oft erreicht man diesen Zustand? Man braucht offenbar 10 bis 15 Minuten, um auf dieses Konzentrationsniveau zu kommen, doch Untersuchungen zufolge werden Manager alle zehn Minuten unterbrochen! Welche Qualität ist von einer Arbeit zu erwarten, die nicht in einer Stunde konzentrierter Arbeit niedergeschrieben wurde, sondern in zwölf 10-Minuten-Blöcken, zwischen denen jeweils Krisen auftraten? Und welche Konsequenzen hat es für Motivation und Engagement, wenn man jedes Mal unterbrochen wird, sobald es interessant wird? Muss man sich ernsthaft mit einer Sache befassen, ist es wichtig, dass man sich allein darauf konzentrieren kann.

Indem wir das hier beschriebene Problem als »Unterbrechungen« bezeichnen, geben wir automatisch denen die Schuld, die uns unterbrechen. *Aber Sie müssen sich natürlich auch selbstkritisch fragen, wo Ihr persönlicher Anteil an diesem Problem liegt.*

Könnte es etwa sein, dass die Arbeit mit voller Konzentration manchmal ein wenig einsam wird? Dass wir vielleicht auf eine Unterbrechung hoffen? Als Eddie in mein Büro kam, wollte er mich um Rat fragen, und das ist schön. Das gefällt mir, weil ich mir dadurch wichtig vorkomme. Ich habe den starken Verdacht, dass viele eine sehr zwiespältige Haltung gegenüber Unterbrechungen haben: Wir beschweren uns darüber, wir schieben sie als Entschuldigung dafür vor, dass wir mit den langfristig effektiven Aufgaben nicht fertig werden, andererseits unternehmen wir kaum etwas gegen sie. Auf einer anderen Ebene können Unterbrechungen sogar höchst willkommen sein.

Haben Sie schon einmal bemerkt, wie anfällig Sie für Unterbrechungen sind, wenn Sie mit einer wirklich langweiligen oder unangenehmen Sache beschäftigt sind?

Ich sitze in meinem Büro und schreibe; die Wörter wollen nicht so recht fließen, und der Kopf tut mir weh. Da höre ich bekannte Schritte auf dem Gang. Ich blicke auf und nicke Eddie zu, womit ich ihn geradezu auffordere, in mein Büro zu kommen. Und das bezeichne ich dann als Unterbrechung. Sie werden sicherlich ähnliche Situationen kennen.

Die Liste der Zeitfresser kann folglich um folgende Einträge erweitert werden:

Zeitfresser

- Keine zuverlässigen Listen
- Dinge nicht zu Ende bringen
- Willkommene Unterbrechungen
- Unnötige Unterbrechungen zulassen
- Großraumbüros

Tipps für Ihren Erfolg

Schaffen Sie sich Bedingungen für ungestörtes Arbeiten. Machen Sie Ihre persönlichen Regeln öffentlich. Etablieren Sie festgelegte Kommunikationsmöglichkeiten für Ihre Kollegen und Partner.

6.
Effektives Lesen

Leitfragen

Wie wählen Sie Ihr Lesepensum aus?
Wie »gut« lesen Sie?
Welche Methoden gibt es für planvolles Lesen?

Die Masse des Lesestoffs, den Manager und vor allem höhere Führungskräfte erhalten, scheint von Jahr zu Jahr größer zu werden. Und Lesen taucht immer auf der Liste der Zeitfresser auf.

Wie wählen Sie Ihr Lesepensum aus?

Die meisten Manager lesen offenbar eine bis drei Stunden täglich. Einen großen Teil dieser Zeit lesen sie Schriftstücke, um festzustellen, ob sie diese lesen müssen, und wenn sie damit fertig sind, stellen sie oft fest: »Das hätte ich nicht lesen müssen.«

Aus der Praxis

Denken Sie an folgendes Szenario. Sie waren zwei Wochen in Urlaub oder auf Dienstreise und kommen an Ihren Schreibtisch zurück. Dort hat sich ein großer Haufen Papier angesammelt. Sie sortieren die Post in einen Stapel mit dringenden und interessanten Angelegenheiten und einen für den Rest. In den nächsten Tagen bearbeiten Sie das Dringende und Interessante und neu auf Sie zukommende Aufgaben, während der Stapel mit den langweiligen Dingen liegen bleibt und Sie anstarrt. Manche Manager nehmen ihn schuldbewusst abends mit nach Hause, doch gelesen wird er so oder so nicht. Nach einigen Wochen (bei manchen sind es Monate) wird Ihnen schließlich klar, dass Sie den ganzen Stapel nie lesen werden. Sie werfen ihn in den Papierkorb, und die Welt bleibt nicht stehen. Müssen Sie solche Dinge im übrigen Jahr also wirklich lesen? Sollten Sie sich nicht sofort eine clevere Lesestrategie aneignen?

Der gesunde Menschenverstand sagt uns, nie eine Arbeit auf sich zu nehmen oder ein Buch zu lesen, ohne sich vorher die Frage zu stellen: »Lohnt dies die Arbeitszeit, die ich dafür opfere?«

Ich vermute, Lesen ist eine der angenehmen Tätigkeiten, auf die wir verfallen, wenn wir die Arbeit gerade eher lustlos betreiben. Es wird zu einem Hobby, und wir hinterfragen nicht mehr, was es eigentlich bringt. Wie viel Zeit verwenden Sie an einem typischen Arbeitstag für berufsbezogene Lektüre? Selbst wenn es nur eine Stunde ist, ergibt dies multipliziert mit fünf Arbeitstagen die Woche und 47 Wochen im Jahr einen beträchtlichen Teil Ihres Lebens. Er könnte sich leicht auf zehn Prozent Ihrer Lebensarbeitszeit belaufen. Erhalten Sie vollen Gegenwert für die ins Lesen investierte Zeit? Lesen Sie planvoll und effektiv?

Lesen lässt sich delegieren und aufteilen. In manchen Firmen lesen zahlreiche Mitarbeiter jeweils für sich die gleichen Fachzeitschriften und Branchenblätter. Warum wird dies nicht so aufgeteilt, dass ein Mitarbeiter jede Zeitschrift frühzeitig und gründlich für die ganze Abteilung liest? Dieser Mitarbeiter wäre dann dafür verantwortlich, wichtige Meldungen an alle anderen weiterzugeben. Regen Sie diese Verfahrensweise an!

Gibt es in Ihrem Büro die merkwürdige Praxis, dass eine Sekretärin bestimmte Dokumente mit einem so genannten Umlaufzettel versieht? Das Dokument zirkuliert dann langsam durchs Haus, und wenn Ihr Name wie meiner weit hinten im Alphabet erscheint, ist alles, was Sie erhalten, einen Monat alt.

Dieses System ist antiquiert und unpraktisch. Wer sich keine gesonderte Kopie für jeden Adressaten leisten kann, sollte eine Regel einführen, wonach alle Dokumente mit mehreren Adressaten von jedem in maximal 24 Stunden zu lesen und weiterzugeben sind. Sind Sie zu beschäftigt, um das Dokument zu lesen, dann hängen

Sie Ihren Namen unten an die Liste an und geben es ungelesen weiter. Sind Sie nicht im Büro, sollte das Ihre Sekretärin für Sie erledigen. So hat jeder die Chance, Dokumente wenige Tage nach ihrer Ausgabe zu lesen.

Untersuchen Sie Ihren Lesestoff und werfen Sie so viel wie möglich weg. Es kann durchaus andere Lektüre geben, die für Sie nützlicher ist, zum Beispiel gute Managementbücher. Hören Sie auf jeden Fall damit auf, Dinge zu lesen, nur weil sie auf Ihrem Schreibtisch landen. Entscheiden Sie selbst, was Sie lesen werden.

Wie »gut« lesen Sie?

Die meisten Manager, mit denen ich arbeite, sind keine sehr geübten Leser. Sie haben diese lebenswichtige Fertigkeit in der Schule gelernt, im Studium angewandt und sich seitdem nicht weiter darum gekümmert.

Lesen lässt sich aber wie jede andere Fähigkeit entwickeln. Durch Unterricht und Übung kann jeder seine Leseleistung verbessern. Es werden auch viele Kurse für effektiveres Lesen angeboten, doch unter einem Dutzend Managern nutzt vielleicht einer dieses Angebot. Viele Teilnehmer berichten nach Ende eines solchen Kurses, dass er ihnen etwas gebracht oder sogar enorm geholfen habe.

Vor vielen Jahren habe ich ein Buch über effektives Lesen gekauft. Über rund zwei Monate hinweg beschäftigte ich mich zwei bis drei Abende in der Woche etwa eine halbe Stunde damit. Nach diesen beiden Monaten hatte ich meine Lesegeschwindigkeit verdoppelt und meine Leseeffektivität um mehr als 100 Prozent gesteigert.

Wie sieht es mit Ihren Lesefertigkeiten aus? Wissen Sie, wie gut Sie im Vergleich zu anderen sind? Möchten Sie es herausfinden?

Die folgende Passage ist ein Fünf-Minuten-Test für schnelles Lesen. Er wurde von Hilda Yoder von der Yoder School in New York entwickelt und erschien ursprünglich auf Englisch in *Organising, Your Job in Management* von Carl Heyel. Der Text umfasst 500 Wörter und ist von durchschnittlicher Schwierigkeit, d. h. vergleichbar mit Texten, wie sie in Zeitungen oder

Magazinen erscheinen. Stoppen Sie, wie lange Sie für Ihren Lesedurchgang brauchen, und ermitteln Sie dann Ihre Lesegeschwindigkeit aus dem darauf folgenden Graphen. Lesen Sie in Ihrem normalen Tempo für leichtere Texte wie Zeitungsartikel: Es handelt sich weder um eine technische Beschreibung noch um einen Vertrag.

Da es kein Problem ist, schnell zu lesen, wenn man sich nicht die Mühe macht, das Gelesene zu begreifen, gibt es hinterher einige Fragen zum Verständnis. Lassen Sie sich davon aber nicht aus dem Konzept bringen.

Lesetest

LOS:
Es ist sehr wahrscheinlich, dass Sie mehr und mehr Schriftstücke in Ihren Aktenkoffer stecken, um sie daheim zu lesen. In fast allen mittleren und höheren Positionen wird der Umfang der »Pflichtlektüre« immer größer.

Trotzdem könnte eine größere Zahl von Führungskräften die Arbeit, die sie auf diese Weise mit nach Hause nehmen, stark begrenzen oder sogar auf Null reduzieren. Das Geheimnis: die Entwicklung effektiverer Lesegewohnheiten.

Die Statistik zeigt, dass die Lesefertigkeiten der meisten Führungskräfte unter dem College-Niveau liegen: Sie erreichen maximal 300 Wörter in der Minute, erfassen einen viel zu geringen Teil des Gelesenen und könnten – in 90 Prozent der Fälle – die Lesegeschwindigkeit mindestens verdoppeln und das Textverständnis erheblich verbessern.

Langsame Leser meinen manchmal, es sei ein Ding der Unmöglichkeit, das Lesetempo zu erhöhen und die geistige Erfassung des Gelesenen zu verbessern. Unter Umständen betrachten sie die Fähigkeit des schnellen Lesens sogar als ein Geschenk Gottes, das nur wenigen Auserwählten zuteil wird.

Schnelles Lesen hat jedoch nichts mit einer geheimnisvollen göttlichen Segnung zu tun. Die Leseweise eines Menschen ist nichts weiter als eine Gewohnheit. Wer langsam und schlecht liest, kann durch Lernen und Anwendung des Gelernten in der Regel zu einem guten Leser werden.

Eine Möglichkeit, die Lesegewohnheiten zu ändern, ist der Besuch eines guten Seminars oder eines speziellen Kurses. Dadurch können Manager ihre Lesegeschwindigkeit häufig verdoppeln oder sogar verdreifachen. Zurückzuführen ist dies unter anderem auf die Entwicklung wissenschaftlicher Methoden für die Analyse von Lesefehlern. Im Folgenden soll nur ein Beispiel angeführt werden. Es ist möglich, die Augenbewegungen zu fotografieren. Dies liefert ein grafisches Bild von Faktoren wie der Zahl der Fixationen pro Zeile, der Zahl der Regressionen und der für das Lesen einer bestimmten Zahl von Wörtern benötigten Zeit.

Aber kann man seine Lesefertigkeiten auch allein verbessern, ohne professionelle Hilfe in Anspruch zu nehmen? Ja – wenn man bereit ist, zu lernen und zu üben. Das Lesen eines Buches über die Steigerung der Leseleistung verbessert Ihre Fertigkeiten so wenig, wie das Lesen eines Buches über gymnastische Übungen die Muskeln stärkt.

Folgende Prinzipien kommen bei der Verbesserung der Lesefertigkeiten zum Tragen. Autoritäten haben herausgefunden, dass die meisten Führungskräfte beim Lesen zum Perfektionismus tendieren. Sie lesen jedes einzelne Wort, weil sie Angst haben, etwas zu übersehen. Das Tempo und die Erfassung des Inhalts lassen sich aber durch das Lesen kompletter Gedanken und Ausdrücke verbessern.

Dies erreicht man am besten anhand von Texten durchschnittlicher Schwierigkeit, wie sie in Illustrierten oder leichteren Romanen zu finden sind. Ermitteln Sie, wie viel Sie zum Beispiel in zehn Minuten lesen. Am nächsten Tag versuchen Sie, in der gleichen Zeit mehr zu lesen.

Konzentrieren Sie sich darauf, voranzukommen. Blicken Sie nicht zurück, um etwas nachzulesen, was Sie nicht aufgenommen haben. Am Anfang werden Sie Schwierigkeiten haben, das Gelesene ganz zu verstehen, doch wichtiger ist, dass Sie sich aus alten Lesegewohnheiten herausreißen.

Das Textverständnis können Sie prüfen, indem Sie sich von jemandem über das Gelesene ausfragen lassen. Eine bessere Möglichkeit ist die Lektüre von Büchern, die speziell auf die Verbesserung der Lesefähigkeit ausgerichtet sind. Sie enthalten auch Verständnisfragen zu den Texten.

STOP

Berechnen Sie nun Ihre Lesegeschwindigkeit mit Hilfe des Diagramms auf Seite 70.

Berechnung der Lesegeschwindigkeit

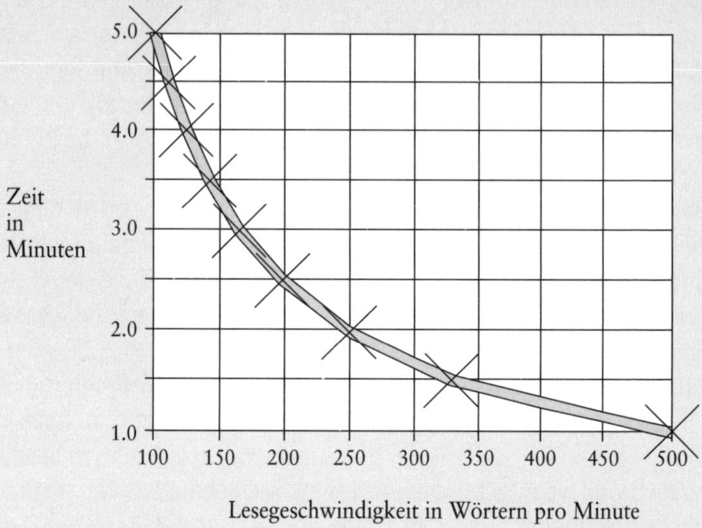

Einige Manager, die diesen Test absolvieren, erreichen nur 180 Wörter in der Minute. Die meisten liegen zwischen 200 und 250 Wörtern, eine beträchtliche Zahl kommt auf 320, und wenige lesen sehr viel schneller. Die schnellsten schaffen meist um die 500 Wörter in der Minute.

Verständnis

Um das Verständnis des eben Gelesenen zu prüfen, kreuzen Sie an, ob die folgenden Aussagen richtig (R) oder falsch (F) sind.

1. Zur Verringerung ihrer Hausaufgaben müssen Führungskräfte sich bessere Lesegewohnheiten aneignen.
   R F

2. 99 Prozent der Führungskräfte können Ihre Leseleistung verbessern.
R F

3. Gut lesen ist eine Sache guter Gewohnheiten.
R F

4. Lesegewohnheiten lassen sich analysieren.
R F

5. Lesetechniken lassen sich einfach dadurch verbessern, dass man sich seiner Schwierigkeiten bewusst wird.
R F

6. Perfektionisten, die jedes Detail erfassen müssen, sind häufig schlechte Leser.
R F

7. Das Lesen lässt sich verbessern, indem man versucht, komplette Gedanken und Ausdrücke zu erfassen.
R F

8. Die beste Möglichkeit, die Leseleistung zu verbessern, ist die tägliche Übung an einem schwierigen Buch.
R F

9. Man muss stets zurückblicken, um übersprungene Gedanken nachzulesen.
R F

10. Das Verständnis lässt sich verbessern, indem man eigens dafür geschriebene Bücher liest.
R F

Richtige Antworten	*Note*
6 oder weniger	Schlecht
7	Ausreichend
8	Gut
9	Sehr gut
10	Ausgezeichnet

Welche Methoden gibt es für planvolles Lesen?

Ich habe Planung schon mehrfach als einen Schlüssel zu effektiver Zeitnutzung erwähnt. Die Leseplanung ist dafür ein weiteres Beispiel. Ehe man irgendetwas liest, sollte man sich fragen:

- Welches Ziel habe ich?
- Was weiß ich bereits?
- Was suche ich?

So können Sie leichter entscheiden, wie Sie an den Text herangehen und wie schnell Sie ihn lesen werden. Unterschiedliche Texte erfordern unterschiedliche Lesegeschwindigkeit. Studieren Sie eine technische Passage oder überprüfen Sie ein Dokument auf seine Einzelheiten, dann geht dies oft nicht schneller als mit etwa 150 Wörtern in der Minute, und kein Training für effektiveres Lesen kann viel daran ändern. Meinen Beobachtungen zufolge lesen aber viele Menschen, die häufig Texte gründlich und mit Blick auf Details durchgehen müssen, alle anderen Unterlagen im gleichen schleppenden Tempo. Manche Texte sollten aber viel schneller gelesen werden, und wer weiß, was er sucht, kann große Teile einfach überspringen.

Das Überfliegen von Texten ist ein nützlicher Kniff. Bei einem Lesetempo von 3 000 oder mehr Wörtern in der Minute bekommt man gerade so viel mit, dass man entscheiden kann, ob man sich eine Passage näher ansehen muss. Eignen Sie sich folgende Regeln an:

Verschaffen Sie sich stets einen Überblick

Umfangreichere Texte sollten Sie immer erst als Ganzes prüfen, ehe Sie mit dem Lesen beginnen. Überfliegen Sie die Überschriften und Abbildungen, suchen Sie nach einer Zusammenfassung, verschaffen Sie sich einen Überblick über den gesamten Text.

Der Psychologe Tony Buzan, von dem der Bestseller *Use Your Head* stammt, rät dazu, Bücher wie Puzzles zu behandeln. Bei einem Puzzle fängt man nicht oben links an und geht dann in Zeilen vor, sondern man beginnt mit dem interessantesten Merkmal, sucht sich dann das nächstinteressante und so weiter. Monotone Flächen wie Meer und Himmel hebt man sich bis zum Schluss auf. Genauso kann man es bei vielen Sach- und Fachbüchern machen: erst das Interessanteste herauspicken, dann auffüllen, und wenn es langweilig wird, zuklappen und weglegen.

Lesen und Schreiben sind ineffiziente Kanäle der Informationsübertragung. Ein Beispiel: Ich als Autor möchte Ihnen, dem unbekannten Leser, einen als Einheit empfundenen Gedanken vermitteln. Dazu muss ich ihn in eine lineare Abfolge von Wörtern zerlegen, was manchmal sehr beschwerlich ist. Nach Monaten oder Jahren lesen Sie dann diese Wortfolge und konstruieren daraus eine gedankliche Einheit. Wenn wir uns nur schon telepathisch verständigen könnten!

Schärfen Sie Ihre Konzentration

Viele Manager befürchten, weniger zu verstehen, wenn sie schneller lesen. Untersuchungen haben gezeigt, dass das Gegenteil zutrifft: *Wer normalerweise schnell liest, versteht Texte im Durchschnitt besser als langsame Leser.*

Dies überrascht nicht, wenn wir daran denken, dass der Verstand erheblich schneller arbeitet, als wir das gedruckte Wort aufnehmen können. Lesen wir langsam, wird es dem Verstand langweilig, und er sucht sich eine andere Beschäftigung.

Früher versuchte ich, abends zu lesen. Mein Blick folgte den Zeilen, meine Hand blätterte um, und meine Gedanken waren woanders. Welch unsagbare Zeitverschwendung! Wenn man schon nichts tun will, dann richtig, und wenn man lesen will, dann ebenfalls richtig. Lesen verlangt die volle Konzentration.

Schluss mit dem Zurückspringen!

Dies ist ein verbreitetes Problem bei langsamen Lesern, vor allem bei denen, die unter 200 Wörtern in der Minute bleiben. Man meint, etwas übersehen zu haben, und springt zurück, um es nachzulesen. Es gibt vor allem zwei Gründe für das Zurückspringen. Zum einen, weil die Konzentration nachgelassen hat. Zum anderen wird beim Lesen das von den Augen wahrgenommene Bild praktisch sofort ans Gehirn übertragen. Doch das Gehirn benötigt manchmal ein, zwei Augenblicke, um die eintreffenden Informationen zu verdauen, unter ähnlichen Informationen einzuordnen und Ihnen rückzumelden, dass es verstanden hat.

In diesem Sekundenbruchteil meint man, etwas ausgelassen zu haben, und blickt zurück. Lassen Sie das bleiben. Solange ihr Verstand bei der Sache ist, können Sie einfach weiterlesen, und Sie werden meistens feststellen, dass Sie alles verstanden haben.

Bewegen Sie die Augen schneller und richtig

Das ist wieder einer dieser lächerlich einfachen Tips: Wer schneller lesen will, sollte die Augen schneller bewegen. Es scheint nur äußerst schwierig zu sein, das Tempo allmählich zu erhöhen.

Bewegen Sie die Augen wirklich schneller, dann stellen Sie fest, dass Sie nicht mehr richtig lesen können. Keine Sorge – mit Übung erfassen Sie mehr und mehr der Wörter, und schließlich lernen Sie, auch mit höherer Geschwindigkeit präzise zu lesen. Der Mensch kann nicht sehen, solange sich die Augen bewegen; sie müssen dafür stillstehen. Man kann dies nachprüfen, indem man den Blick langsam quer durch den Raum wandern lässt. Man sieht eine Serie von Standbildern, die zwar sehr schnell aufeinander folgen, aber dennoch als Einzelbilder erkennbar sind. Beim Lesen eines Absatzes betrachten wir also das erste Wort, bewegen die Augen dann ruckartig zum nächsten und so weiter, in einer Folge schneller Fixationen. Schnelleres Lesen resultiert folglich daraus, dass man die für jede Fixation benötigte Zeit und teilweise auch die Zahl der Fixationen verringert.

Ein guter Trick, die Augen auf Trab zu bringen, besteht darin, das erste oder letzte Wort einer Zeile nicht anzusehen. Fixiert man ein Objekt, sieht man auch seine Umgebung. Versuchen Sie es. Fixieren Sie das mittlere Wort im folgenden Satz:

Lesen Sie schneller.

Sie sehen den ganzen Satz. Nutzen Sie dieses periphere Sehen, um die Zahl der Fixationen pro Zeile zu reduzieren. Fixieren Sie zu Beginn jeder Zeile das zweite Wort, Sie sehen dabei auch das erste und springen beim vorletzten Wort in die nächste Zeile. Sie werden auch das letzte Wort wahrnehmen.

Langsame Leser führen überdies viele unregelmäßige Augenbewegungen aus. Es ist faszinierend, dabei zuzusehen: Nehmen Sie eine Textseite, stanzen Sie in die Mitte ein Loch und bitten Sie jemanden, den Text zu lesen, während Sie durch das Loch den Augenbewegungen folgen.

Ich werde oft gefragt, ob schnelles Lesen einem nicht den Spaß an der Unterhaltungslektüre verderbe. Das klingt, als könnte man die Freude am Gehen verlieren, wenn man fahren lernt. Ich persönlich lese auch zum Vergnügen recht schnell, doch wenn mir etwas besonders gut gefällt, vor allem, wenn es in eleganter Prosa geschrieben ist, verlangsame ich das Tempo schon einmal auf etwa 240 Wörter in der Minute, um die Lektüre voll auszukosten. Nun ergänzen Sie – sofern Sie sich wiedererkannt haben – die folgenden Zeiträuber auf Ihrer Liste:

Zeitfresser

- Willkommene Unterbrechungen
- Unnötige Unterbrechungen zulassen
- Unwichtige Dinge lesen
- Mangelhafte Lesefertigkeiten
- Ungenügende Konzentration

Tipps für Ihren Erfolg:

- Beurteilen Sie die Bedeutung ihrer gewohnten Lektüre und verzichten Sie auf einen Teil des weniger wichtigen Lesestoffs.
- Planen Sie Ihre Lektüre und stecken Sie sich klare Ziele, ehe Sie sich hineinstürzen.
- Entfalten Sie Ihre Lesefertigkeiten, damit Sie manche Texte sehr viel schneller lesen können.
- Lernen Sie, unterschiedliche Texte mit unterschiedlichem Tempo zu lesen.

7.
Trainieren Sie Ihre Erinnerungsfähigkeit

Leitfragen

Was geschieht mit dem, was Sie gehört oder gelesen haben?
Wie können Sie Ihr »Erinnerungssystem« verbessern?

Was geschieht mit dem, was Sie gehört oder gelesen haben?

Wie lange erinnern Sie sich an die Inhalte von Geschäftsberichten, Protokollen, Verträgen, Vorträgen usw.? Ich möchte Sie bitten, Ihr Gedächtnis einmal selbst einzuschätzen.

Im Laufe des Tages werden unsere Sinne mit Tausenden von Reizen bombardiert. Ständig sehen, hören, fühlen und riechen wir unsere Umgebung. Wir bewältigen diese Informationsflut, indem wir den größten Teil davon nicht beachten und unsere Aufmerksamkeit auf wenige Einzelheiten konzentrieren. Konzentrieren Sie sich bei Ihrer Eigenanalyse auf die Informationen, mit denen Sie in den sieben, acht, neun oder zehn Stunden im Büro konfrontiert werden.

Zeichnen Sie im folgenden Diagramm eine Linie ein, die wiedergibt, wie schnell Sie nach eigener Einschätzung vergessen. Gehen Sie dabei von Reizen aus, die Sie tatsächlich geistig erfasst haben – Dinge, die Sie zu einem bestimmten Zeitpunkt gesehen, gehört oder gefühlt haben. Wahrscheinlich werden Sie an einem gewissen Punkt in der Zukunft einen Teil davon vergessen haben. Wann? Wie schnell? Verläuft die Linie gerade oder gekrümmt? Tragen Sie auf der Horizontalen Ihre persönliche Zeitskala ein –

Vergessen

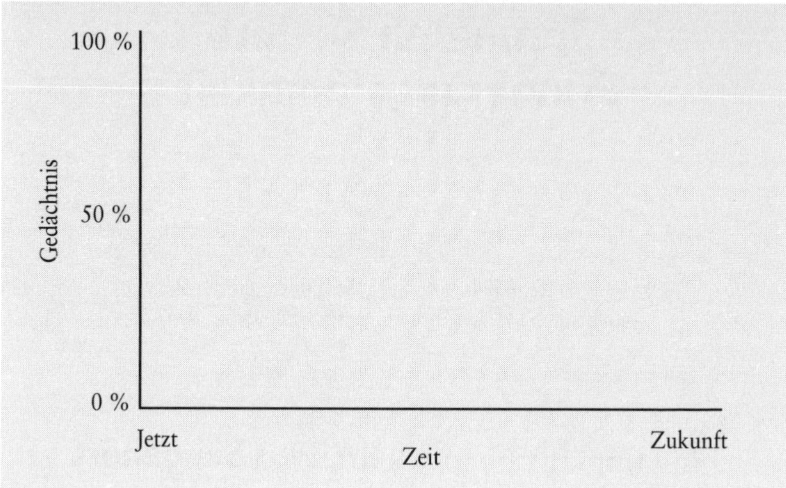

Tage, Wochen, Monate, Minuten, was Ihrer Meinung nach am besten passt. Wie lange dauert es insbesondere, bis Sie 50 Prozent der aufgenommenen Informationen vergessen haben? Diese Übung ist schwierig, ich weiß. Sie werden sagen, dies hänge von der Art der Informationen und ihrer Präsentation ab – aber trotzdem, versuchen Sie eine grobe Schätzung der Durchschnittsdauer.

Die meisten Menschen überschätzen ihr Erinnerungsvermögen gewaltig. Dies liegt vielleicht daran, dass wir zwar wissen, woran wir uns erinnern, aber kaum bemerken, was wir vergessen haben. Die unten gezeigte Kurve veranschaulicht die Ergebnisse wissenschaftlicher Untersuchungen über Erinnern und Vergessen.

Die meisten erfassten Stimuli bedeuten uns so wenig, dass wir sie in einer oder zwei Stunden vergessen. Wenn Sie sich darüber wundern, dann überlegen Sie einen Augenblick: Haben Sie heute Morgen die Zeitung gelesen? Wie viele der Artikel, auf die Sie einen Blick geworfen haben, fallen Ihnen spontan wieder ein? Sie wären gut, wenn Sie 20 Prozent nennen könnten. Oder: Haben Sie vor wenigen Tagen ein Seminar besucht, auf dem Sie mehreren Vorträgen zugehört haben? Sind Sie heute in der Lage, sowohl die Namen der Referenten als auch die wichtigsten Thesen der Vorträge zu erinnern?

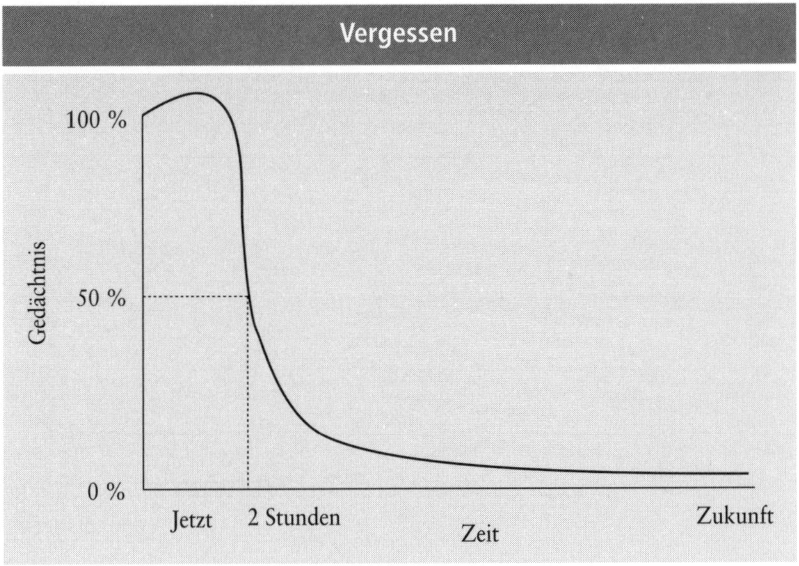

Vielleicht haben Sie bemerkt, dass die Linie in meinem Diagramm zunächst aufsteigt. Ich glaube, das Gehirn benötigt eine gewisse Zeit, um den komplexen Input zu verdauen und einzuordnen. So kann es gut sein, dass wir eine Sache nach circa einer Stunde besser verstehen als zu dem Zeitpunkt, als wir sie aufgenommen haben. Doch dann setzt schnell der Verfallsprozess ein. Die meisten aufgenommenen Informationen werden nicht mehr benötigt und verschwinden in kurzer Zeit aus der spontanen Erinnerung. *Interessantes und Wichtiges bleibt uns zwar mit sehr viel höherer Wahrscheinlichkeit im Gedächtnis, aber gelegentlich vergessen wir auch Dinge, die wir lieber behalten hätten.*

Vor einigen Monaten fielen mir bei der Ordnung von Unterlagen sehr interessante Informationen in die Hände. Die Sache war mir völlig neu, doch die Handschrift eindeutig meine eigene. Es handelte sich um Notizen, die ich mir vor fünf Jahren nach der Lektüre eines Buches gemacht hatte. Ich hatte sie offenbar in zwei Wochen so gründlich vergessen, dass ich nicht den Hauch einer Erinnerung mehr daran besaß. Was kann man gegen so viel verschwendete Zeit und Mühe bloß tun?

Vergessen

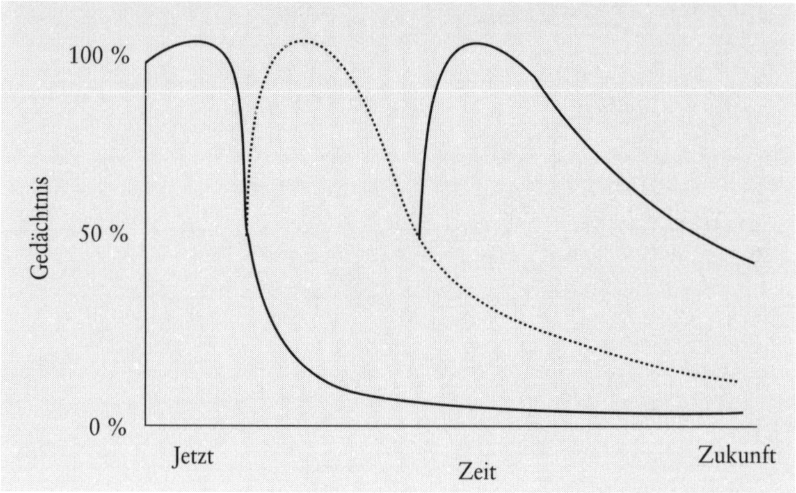

Wie können Sie Ihr »Erinnerungssystem« verbessern?

Ich habe vor einigen Jahren ein Lernsystem entwickelt, das sich als sehr hilfreich erwiesen hat und das ich Ihnen daher empfehlen möchte. Immer wenn ich an einem Seminar teilnehme, ein Buch lese oder aus anderem Anlass etwas im Kopf behalten möchte, nehme ich mir danach sofort einige Minuten Zeit, um die entscheidenden Punkte zusammenzufassen – nicht in Form eines langen Romans, sondern wirklich nur in Stichpunkten oder, noch besser, Bildern. Am nächsten Tag werfe ich einen Blick auf diese Schlüsselbegriffe, und Sie helfen mir tatsächlich, mein Gedächtnis zu entriegeln und eine große Zahl weiterer Einzelheiten zum Thema aufzufrischen. Die folgenden zwei, drei Tage sehe ich mir die Stichpunkte kurz an, und danach ist die Wahrscheinlichkeit stark gestiegen, dass die Informationen im Langzeitgedächtnis gespeichert wurden. Angewandt auf das Beispiel Seminar/Referenten/Vorträge bedeutet das, dass Sie nicht nur persönlich von den Inhalten der Vorträge profitieren, sondern mit diesem Wissen bei Gesprächen und Diskussionen zu ähnlichen Themen beeindrucken können!

Ich vermute, die meisten Manager haben viele nützliche Tips und potenziell wertvolle Informationen schlicht und einfach vergessen. Das gilt auch für das Namensgedächtnis. Manche Menschen scheinen sich automatisch an Namen zu erinnern, andere – zu denen ich früher gehörte – verkünden fröhlich, dass sie sich an Namen einfach nicht erinnern können. Ihnen ist wohl nicht klar, wie wichtig die spontan richtige Anrede für ihr Gegenüber ist.

Häufig vergaß ich den Namen eines Gesprächspartners zwei Minuten nachdem er mir vorgestellt worden war. Am nächsten Tag hatte ich so erst recht keine Chance. Ich stelle jedoch fest, dass sich mein Namensgedächtnis enorm verbessert hat, seit ich genau auf Namen achte und mir ein wenig Mühe gebe, sie zu lernen. Ich kann die Namen aller 36 Teilnehmer eines Managementkurses am ersten Tag ohne große Schwierigkeiten in einer halben Stunde lernen. Mit ein wenig Übung könnten Sie das auch – und werden bei jedem Zusammentreffen mit Kollegen und Geschäftspartnern einen positiven Eindruck hinterlassen.

Das »Vergessen« kommt also zusätzlich auf die Liste unserer Zeitfresser – oder besser gesagt das »Unvermögen, zu lernen und sich zu erinnern«.

Zeitfresser

- Mangelhafte Lesefertigkeiten
- Ungenügende Konzentration
- Vergessen
- Unvermögen, zu lernen und sich zu erinnern

Tipps für Ihren Erfolg:

Trainieren Sie Ihr Erinnerungsvermögen.
Setzen Sie das Erinnern bewusst ein.

8.

Die sinnvolle Einteilung der Arbeitszeit

Leitfragen

Wie viele Stunden arbeiten Sie in einer normalen Arbeitswoche?
Warum arbeiten Sie so lange/so viel?

Wie viele Stunden arbeiten Sie in einer normalen Arbeitswoche?

Addieren Sie die gesamte Zeit, die Sie am Arbeitsplatz verbringen, gleichgültig was Sie tun – Mittagessen und Kaffeepausen eingeschlossen. Kalkulieren Sie auch ein, wie viel Zeit Sie abends und an Wochenenden auf berufliche Angelegenheiten verwenden. Der Zeitaufwand für die Fahrt ins Büro und zurück gehört dagegen nicht in die Aufstellung, es sei denn, Sie studieren im Zug berufliche Unterlagen. Sind Sie in Ihrem Job viel unterwegs, dann rechnen Sie einen Teil davon als Arbeitszeit, aber ziehen Sie den Gegenwert der normalen Fahrtzeiten ab.

Auf wie viel Arbeitszeit kommen Sie? 50 Stunden? 60 Stunden? Mehr?

Fühlen Sie sich bei der Arbeit manchmal müde? Wenn »Nein«, dann überspringen Sie dieses Kapitel – Sie haben das wohl im Griff. Lautet Ihre Antwort »Ja«, wie bei allen Normal-Sterblichen, dann überlegen Sie einen Moment, welche Konsequenzen Müdigkeit für Ihre Leistung hat. Listen Sie die Folgen Punkt für Punkt auf.

Wenn ich müde bin, ...

1. ....
2. ....
3. ....

Hier einige Antworten, die ich häufig zu hören bekomme:

Wenn ich müde bin, ...

- arbeite ich langsamer und brauche länger;
- mache ich mehr Fehler;
- bin ich nicht so kreativ und greife zu Standardlösungen;
- höre ich weniger zu und werde selbstherrlich;
- werde ich reizbar und lasse meinen Zorn an anderen aus.

Hört sich dies nach dem supereffektiven Manager an, der Sie gerne sein möchten? Lange Arbeitszeit und die daraus resultierende Müdigkeit kann eine der Hauptursachen für schlechte, d. h. nicht effektive Zeitnutzung sein. In manchen Firmen prahlen die Leute damit, wie lange sie arbeiten. Manche geben sogar damit an, kaum Zeit für die Familie zu haben. Es gibt einen Slogan, der an solchen Orten unübersehbar angebracht werden sollte:

**ERMÜDUNG IST KEINE AUSZEICHNUNG,
SONDERN EIN VERBRECHEN.**

Manager sollten doch wohl für ihren Beruf taugen. Dazu müssen sie aber körperlich fit sein, d. h. Zeit für Sport und gesundes Essen haben, aber auch geistig fit bleiben, d. h. ein ausgewogenes Leben führen. Wie sieht es bei Ihnen aus? Sind auch Sie schon in die »Arbeitszeit-Falle« getappt?

Viele rutschen in ein Leben mit langen Arbeitszeiten hinein, ohne sich auch nur einmal ernsthaft darüber Gedanken zu machen. Das Parkinsonsche Gesetz besagt auf die Zeit bezogen: »*Arbeit vermehrt sich proportional zur verfügbaren Zeit.*« Stimmt genau. Wer das Büro nicht vor sieben verlassen will, der wird immer Arbeit haben, die ihn bis sieben dort festhält; wer jeden Abend Arbeit mit nach Hause tragen will, der wird immer Arbeit haben, die er in den Aktenkoffer stecken kann; wer auch am Samstag ein paar Stunden ins Büro springen will, der wird immer Arbeit haben, die am Samstag erledigt werden muss. Wären Sie ein von Schlaflosigkeit geplagter Workaholic, der für sich 140 Arbeitsstunden die

Woche festsetzt, dann wären selbst diese 140 Stunden bald restlos von Arbeit ausgefüllt. Wohin das im Endeffekt führt, können Sie sich leicht ausrechnen.

Das Positive daran ist: *Wenn Arbeit sich proportional zur verfügbaren Zeit ausdehnen kann, dann muss auch das Gegenteil zutreffen.* Es muss möglich sein, dass Arbeit schrumpft und die Zeit freigibt, die ihr nicht hätte eingeräumt werden dürfen. Ich habe Menschen kennen gelernt, die jahrelang 65 bis 70 Stunden in der Woche arbeiteten, bis gesundheitliche Probleme auftraten und die Beziehung auf dem Spiel stand. An diesem Punkt wurde der Preis für sie zu hoch: »Wenn ich in dieser Firma nur so vorankomme, dann bemühe ich mich nicht mehr, weiter befördert zu werden. Ich bleibe bei meinem jetzigen Job und führe ein ausgeglicheneres Leben.« Sie verkürzten die Arbeitszeit über Nacht auf 45 Wochenstunden und stellten zu ihrer Überraschung fest, dass sie nach wenigen Wochen in dieser Zeit so viel leisteten wie vorher in 70 Stunden. Ergo: Auch ein Karrieresprung war trotz verminderter Arbeitszeit möglich.

Einige Monate nachdem Fiona an einem zweiwöchigen Management-Programm teilgenommen hatte, meinte sie: »Damals hatte ich das Gefühl, ich würde nicht richtig angetrieben und der Druck sei zu gering, doch jetzt sehe ich, dass sich dadurch mein Leben verändert hat. Ich habe meine Arbeitszeit verkürzt, delegiere viel mehr und bin eine bessere Managerin geworden. Am wichtigsten ist jedoch, dass ich dadurch meine Ehe gerettet habe.«

Ich will nicht darauf hinaus, dass die Arbeitszeit unter allen Umständen begrenzt werden soll. Als Führungskraft mit Ambitionen müssen Sie mit gelegentlichen Krisen rechnen, die eine 60- oder 70-Stunden-Woche erfordern – das gehört zum Preis für Ihr fürstliches Gehalt. Doch wenn Sie schon unter normalen Umständen 65 Stunden in der Woche arbeiten, was machen Sie dann im Falle einer Krise?

Manche Firmen kultivieren lange Arbeitszeiten: Es gehört sich nicht, pünktlich zu gehen, man bekommt dann Seitenhiebe ab wie »Schönen Urlaub« oder »Ach, Sie haben heute nur halbtags gearbeitet?« Die Mitarbeiter tragen einen harten Wettkampf darum aus, zuerst zu kommen und zuletzt zu gehen, und sie setzen lange

Arbeitszeit mit Engagement gleich, das zur Beförderung führt. Sie wollen ihre Kollegen und vor allem ihren Vorgesetzten beeindrucken.

Ich bin sicher, jedes vernünftige Unternehmen orientiert sich letztlich an der Leistung und nicht an der Arbeitszeit. Sind Ihre Resultate in Ordnung, dann überhören Sie die Sticheleien und denken Sie sich nichts dabei, pünktlich heimzugehen. Firmen, die lange Arbeitszeit belohnen, bestrafen die effektiven Mitarbeiter, und hochrangige Manager, die täglich 14 Stunden arbeiten, liefern ein jämmerliches Rollenmodell. Ich kenne eine Firma, in der jedes Jahr ein halbes Jahr lang Panik herrscht. Man erwartet dann von allen Mitarbeitern Überstunden. Ich habe einen jüngeren Angestellten gefragt, wie er damit zurechtkommt, jeden Tag bis sieben oder acht zu arbeiten: »Na ja, ich bestimme mein Tempo selbst. Ich mache zwei Stunden Mittag, und am Nachmittag les' ich ein Buch.« Und das nur, um abends um sieben in der Firma gesehen zu werden. Blanker Unsinn!

Warum arbeiten Sie so lange/so viel?

Interessant sind in diesem Zusammenhang die persönlichen Schwächen, die dazu führen, dass Menschen in die Falle langer Arbeitszeit gehen. Ich habe drei wesentliche, tiefer in der Psyche sitzende Faktoren identifiziert: Faulheit, schlechtes Zeitgefühl und die Unfähigkeit, nein zu sagen. Welche Eigenschaften treffen auf Sie zu?

Faulheit

In vielen Workaholics steckt ein faules Kind, das den Tag mit bequemen, leichten oder vertrauten Aufgaben ausfüllt und seine Faulheit vor sich und anderen hinter einer Nebelwand aus langer Arbeitszeit verbirgt: Wer 70 Wochenstunden arbeitet, kann wohl kaum als faul bezeichnet werden. Menschen dieses Typs versuchen sich zu beweisen, dass sie engagiert sind und schwer arbeiten, doch sie sind blind für Änderungsmöglichkeiten.

Schlechtes Zeitgefühl

Manche Menschen scheinen anzunehmen, dass Zeit unbegrenzt ist: Sie arbeiten, bis sie mit der betreffenden Angelegenheit fertig sind. Wer meint, Arbeiten abschließen zu können, und vorhat, so lange am Schreibtisch zu sitzen, muss weder planen noch Prioritäten setzen, weil ja alles erledigt wird. Menschen dieses Typs versinken in Arbeit, ihre Wochen werden länger und länger, und sie sind viel zu beschäftigt, um zu bemerken, dass sie nicht alle Arbeiten abschließen. Allzu oft sind es dann gerade die Angelegenheiten mit hoher Hebelwirkung, die für nächste Woche, nächsten Monat und schließlich für den liegen bleiben, der ihren Posten übernimmt. Diese Haltung ist sehr gefährlich und kann unter Umständen eine Karriere ausbremsen oder gar beenden.

Unfähigkeit, nein zu sagen

Wieder andere möchten immer freundlich und hilfsbereit sein. Sie machen alles, was man von ihnen verlangt, ob es zu ihren Aufgaben gehört oder nicht. So werden sie häufig ausgenutzt und füllen ihre Zeit mit Aufgaben geringer Hebelwirkung aus, die eigentlich von anderen verrichtet werden sollten. Aber mit dieser Einstellung kommen sie nicht weiter und werden im schlimmsten Fall von den Kollegen nicht ernst genommen.

Alle diese Gründe gehen darauf zurück, dass *Aktivität* mit *Ergebnissen* verwechselt wird. Workaholics sind süchtig nach Aktivität, beschweren sich aber ständig in gekränktem Ton darüber, dass sie nicht genügend Zeit haben und überarbeitet sind.

Der Schlüssel zu effektivem Management ist Hebelwirkung, nicht längere Arbeitszeit. Der bewusste Umgang mit Zeit und die Fähigkeit, zwischen Aktivitäten mit hoher und solchen mit geringer Hebelwirkung zu unterscheiden, schützen Sie davor, in die Arbeitszeit-Falle zu geraten. Früher, wenn ich nach zwölf Stunden im Büro daheim den Aktenkoffer aufklappte, sagte meine Frau: »Du musst fürchterlich ineffektiv sein, wenn du's in zwölf Stunden nicht geschafft hast.« Das Schlimme daran war, dass sie Recht hatte.

Was ist also unter einer vernünftigen Arbeitswoche zu verstehen? Dies lässt sich nicht pauschal beantworten, sondern ist abhängig von der Arbeit, der an einem Arbeitstag gebotenen Abwechslung und vor allem davon, welches Gleichgewicht Sie in Ihrem Leben erreichen wollen. Die Arbeitszeit mancher Geschäftsführer ist enorm. Sie haben sich dafür entschieden, für die Arbeit zu leben, und Familie oder andere Interessen kommen praktisch nicht vor. Dies steht ihnen frei, solange sie sich darüber im Klaren sind, dass sie eine freie Wahl getroffen haben und nicht dazu gezwungen worden sind. Auch Sie haben die Wahl, und Sie sollten Ihr Prinzip möglichst früh in Ihrer Karriere entwickeln und es leben!

Das andere Extrem finden wir bei WV Publications, einem kleinen Zeitschriftenverlag in Camden. Die Dienstzeit dauert von 9 Uhr 30 bis 17 Uhr 30 (in einer Branche, die für ihre langen Arbeitszeiten bekannt ist!), die Arbeitsräume werden um 9 Uhr geöffnet und um 18 Uhr geschlossen. Die Mitarbeiter sind angewiesen, Mittagspause zu machen und keine Arbeit mit nach Hause zu nehmen. Dafür erwartet man von ihnen, dass sie während der Zeit im Büro wirklich etwas leisten. Und das Modell funktioniert.

Zeitfresser

- Vergessen
- Unvermögen, zu lernen und sich zu erinnern
- Lange Arbeitszeit
- Ermüdung
- Faulheit
- Schlechtes Zeitgefühl
- Unfähigkeit, nein zu sagen

Tipps für Ihren Erfolg:

Machen Sie sich klar, wie viel Arbeitszeit Sie effektiv nutzen.
Belügen Sie sich nicht selbst.
Halten Sie sich fit für Ihre Arbeit.
Befolgen Sie ein vernünftiges Arbeitszeit-Prinzip.

9.
Reisen Sie gern?

Leitfragen

Welche Vor- und Nachteile hat das Reisen?
Wie gehen Sie am besten damit um?

Bei vielen Managern erscheint das Reisen weit oben auf der Liste der Zeitfresser – und das trotz vielfältiger moderner Kommunikationstechniken wie Videokonferenzen, E-Mails etc.

In den letzten 200 Jahren können wir uns zwar immer schneller von einem Ort zum anderen bewegen, gleichzeitig nimmt aber das Reisen auch immer mehr Zeit in Anspruch. Wir leben in größerer Entfernung vom Arbeitsplatz, von den Geschäften und von den Freunden, die oft im ganzen Land verstreut leben. Manche wählen zusätzlich noch einen Wohnort, an dem es kaum öffentliche Verkehrsmittel gibt, und müssen einen zeitaufwendigen Taxidienst für die Kinder betreiben. Wenn wir wirklich einmal Ruhe von diesem ständigen Hin und Her haben, geht es gleich wieder los in den Urlaub! Muss das sein?

Welche Vor- und Nachteile hat das Reisen?

Reisen als Stressfaktor

Autofahren ist eine bedeutende Ursache für Stress. Selbst bei konstantem Tempo und freien Straßen erfordert das Fahren Konzentration und Wachsamkeit. Umso schlimmer, wenn man es eilig hat und die Straßen verstopft sind.

Fliegen und Bahnreisen bedeuten ebenfalls Stress. Wie erfahren und scheinbar gelassen ein Reisender auch sein mag – Reisen ermüdet, und zwar auch ohne die allzu häufigen Verspätungen. Und eigentlich sollten Sie ja, egal ob Sie zur Arbeit oder zu einem externen Termin fahren, dort ausgeruht und fit sein.

Reisen als Chance

Andererseits unternehmen die meisten Manager kaum etwas, um den Zeitaufwand für Reisen zu reduzieren. Sie müssen also gewisse Vorteile daraus ableiten. Ich vermute, dass zahlreiche viel beschäftigte Menschen nur unterwegs die Chance haben, in Ruhe und ohne drohende Unterbrechungen nachzudenken. Auf der Fahrt im Auto lassen sich die Angelegenheiten des Tages durchdenken und die nächsten Stunden planen. Ein Autotelefon oder ein Handy kann unter solchen Umständen natürlich verheerend wirken: Andere sind jederzeit imstande, Mitteilungen abzuschießen, die uns wie die modernsten Lenkwaffen treffen und den Frieden rauben. Es ist zwar schmeichelhaft, so gefragt und wichtig zu sein, aber brauchen Sie wirklich dauernd diese Bestätigung? Ich habe nichts gegen Mobil- und Autotelefone, solange ich der Anrufer bin. *Gehen Sie also bewusst damit um, wem Sie Ihre Nummer geben!*

Flugreisen sind ausgezeichnete Gelegenheiten zum Lesen und Planen. Auf einer eintägigen Dienstreise ins holländische Eindhoven leiste ich einen vollen Arbeitstag ab und lese obendrein meist ein ganzes Managementbuch. Und jede Verspätung bedeutet automatisch die Gelegenheit zu weiterer Lektüre.

Wie gehen Sie am besten damit um?

Die Fahrt zum Arbeitsplatz

Welche Chancen Reisen auch bieten mögen – in erster Linie kosten sie Zeit. Am schlimmsten ist vermutlich eine »Reise«, die kaum als solche zu identifizieren ist – das alltägliche Pendeln zwischen Arbeitsplatz und Wohnung.

Ich brauche heute zehn Minuten zu meinem Arbeitsplatz und zurück, während ich früher mindestens 70 Minuten unterwegs war. Somit spare ich am Tag eine Stunde, in der Woche fünf Stunden und im Jahr 230 Stunden erstklassiger Arbeitszeit.

Mit anderen Worten, ich habe an meinem jetzigen Arbeitsplatz in fünf Jahren über 2 000 Stunden gespart. Dies entspricht in etwa der Stundenzahl eines Arbeitsjahres. Na, wenn sich das nicht gelohnt hat! Ich habe ein ganzes Jahr gespart – und ich konnte mir aussuchen, was ich damit anstelle. *Sie sollten alles daransetzen, die Fahrt zu Ihrem Arbeitsplatz so kurz wie möglich zu halten!*

Wenn es ohne Pendeln aber nicht geht, warum fahren Sie nicht früher, um dem Verkehr auszuweichen? Viele Manager schaffen das morgens sehr gut, aber wie sieht es am Nachmittag aus? Wenn Sie normalerweise früh zur Arbeit kommen, dann zwingen Sie sich, zweimal in der Woche um halb fünf zu gehen. Noch besser: Benutzen Sie öffentliche Verkehrsmittel, dann brauchen Sie nicht ganz so viel Aufmerksamkeit!

Geschäftsreisen

Müssen Sie wirklich hinfahren? Würde ein zehnminütiges Telefongespräch oder ein Fax nicht den gleichen Zweck erfüllen? Wenn nicht, warum laden Sie Ihre Geschäftspartner nicht zu sich ein? Man verpflichtet sich schnell unüberlegt zu zeitaufwendigen Reisen – obwohl es manchmal nützlich ist, andere in ihrer Umgebung zu sehen.

Wenn Sie reisen müssen, reduzieren Checklisten den Stress auf ein Minimum: eine fürs Packen, damit man nichts vergisst, eine für die Reise – mit allen Aufgaben, Fahrtzeiten, Telefonnummern und sonstigen Informationen. Die zweite Liste hilft Ihnen, auf der Reise einen klaren Kopf zu behalten, sodass Sie wirkliche Arbeit leisten können.

Tipps für Ihren Erfolg:

Beschränken Sie Ihre Reisezeit auf das Notwendigste.
Gestalten Sie diese Zeit möglichst stressfrei.
Laden Sie Ihre Geschäftspartner zu sich ein.

10.
Besprechungen sinnvoll gestalten

Nur eines ist schlimmer als die Teilnahme an einer Besprechung: nicht dazu eingeladen zu werden.

Leitfragen

Wie laufen Besprechungen normalerweise ab?
Wie können Sie Meetings effektiver gestalten?

Wie laufen Besprechungen normalerweise ab?

Setzen sich neun Personen von 14 Uhr bis 16 Uhr 30 zu einer Besprechung zusammen, dann kostet diese drei Arbeitstage. Besprechungen kosten Manager viel Zeit, sind aber gleichzeitig so wichtig für effektive Leistung, dass sie ein eigenes Buch erforderlich machen (was auch schon geschrieben wurde: *Effective Meetings* von Philip und Jane Hodgson). Da Besprechungen aber viel Frustration und Ärger verursachen, ist es sinnvoll, sich auch in Bezug auf das Thema Zeitmanagement damit zu beschäftigen.

Auf den meisten Zeitfresser-Listen erscheinen »Besprechungen« unter den ersten drei oder vier Punkten. Ich bitte die Listenschreiber immer, näher anzugeben, ob es Besprechungen sind, die sie selbst einberufen haben; meistens denken sie natürlich an die Besprechungen anderer. Interessanterweise kommen die Leute, die solche Besprechungen anberaumen, nie in meine Kurse.

Besprechungen, die andere Kollegen ansetzen und leiten, erscheinen uns meist viel schlimmer. Es gibt eine Gruppe von Managern, die »Besprechungen« selten weit oben bei den Zeitfressern ansiedeln. Das sind die Leute ganz oben, z. B. die Geschäftsführer – sie leiten die meisten Besprechungen, an denen sie teilnehmen.

Wenn also für Sie die Besprechungen anderer ein Problem sind, dann können Sie ziemlich sicher sein, dass andere Ihre Besprechungen als Zeitfresser aufführen. Betrachten Sie also zunächst einmal Ihr eigenes Verhalten als Besprechungsleiter.

Am Ende einer besonders grausigen Zwei-Stunden-Besprechung eines Verkäuferteams wandte sich einer der alten Hasen an einen Neuling und sagte: »Keine Angst – nicht alle Verkäuferbesprechungen sind Zeitverschwendung. Manche werden abgesagt.« Könnten Ihre Leute Ähnliches sagen?

Wie können Sie Meetings effektiver gestalten?

Es gibt noch einen weit schlimmeren Aspekt als den kolossalen Zeitverlust: *Durch ineffektive Besprechungen wird der Eindruck vermittelt, dass Zeit nicht wichtig sei.* Stellen Sie sich bei der Planung einer Besprechung oder vor der Teilnahmebestätigung stets die beiden folgenden Fragen:

- **Ist die Besprechung notwendig?**

Lassen sich die Ziele der Besprechung – und diese sollten immer vorab genau definiert werden – nicht auf eine andere Art und Weise realisieren, die weniger kostspielig, dabei aber genauso effektiv ist?

Besprechungen sind beispielsweise sehr ineffizient für die einseitige Übermittlung von Informationen: Man kann viel schneller lesen als sprechen, man kann am Schreibtisch lesen, wenn es zeitlich passt, und man kann beim Lesen die langweiligen Stellen überspringen. Überlegen Sie es sich also zweimal, ehe Sie eine Besprechung abhalten. *Rufen Sie keine Konferenz für 1000 Euro ein, um ein Problem von 450 Euro zu lösen!* Vermitteln Sie diesen Ansatz an Ihre Mitarbeiter.

- **Müssen alle Teilnehmer während der gesamten Besprechung anwesend sein?**

Aus der Praxis

Als ich noch bei einer Zeitung arbeitete, hielt mein Chef jeden Freitag eine Besprechung ab, an der alle 18 Manager der Abteilung teilnahmen. Sie begann um 9 Uhr 30 und zog sich bis 12 Uhr 30 hin. Meine aktive Teilnahme beschränkte sich meist auf eine knappe halbe Stunde. Die übrigen zweieinhalb Stunden saß ich jede Woche da und langweilte mich zu Tode. Ich sehe das Büro noch wie heute vor mir. An der einen Wand hing eine große Uhr mit langem Sekundenzeiger – die langsamste Uhr, der ich je zugesehen habe. Eines Tages stellte ich fasziniert fest, dass sich mein Stoffwechsel während der Besprechung so verlangsamte, dass ich zwei Minuten die Luft anhalten konnte. Darauf war ich wirklich stolz! Ich begann zu experimentieren und schaffte es, meinen Puls bis auf 48 zu senken ...

Das Leben hat wahrlich mehr zu bieten. Halten Sie Ihre Kollegen nicht gefangen. Wird jemand nur für einen Beitrag benötigt, dann setzen Sie diesen Punkt ganz oben auf die Tagesordnung und lassen Sie den Mitarbeiter anschließend gehen.

Einige Tipps, wie sich Besprechungen effektiver gestalten lassen

- **Es muss eine Tagesordnung geben**

Sie sollte vorher verteilt werden, damit die Teilnehmer ihre Beiträge planen und die erforderlichen Informationen mitbringen können. Am zweckmäßigsten sind Tagesordnungen, die sowohl Themen als auch Ziele angeben: Werden wir eine Entscheidung fällen? Werden wir Ideen sammeln? Oder werden wir nur ein wenig darüber plaudern?

- **Unterlagen müssen vorher ausgegeben werden**

Nützlich ist ein klarer Leistungsstandard wie »Alle relevanten Unterlagen und Berichte müssen den Besprechungsteilnehmern 24 Stunden vor der Besprechung vorliegen«, kombiniert mit einem zweiten, der besagt: »Alle ausgegebenen Papiere werden vor der Besprechung gelesen.«

- **Die Teilnehmer müssen sich vorbereiten**

Zehn Minuten Vorbereitung sparen häufig zehn Minuten Besprechungszeit. Vorbereiten kann man sich meist alleine, während an der Besprechung vielleicht sechs Personen teilnehmen. Besonders wichtig ist die Vorbereitung für die Person, die bei der Besprechung den Vorsitz übernehmen wird.

- **Leitung der Besprechung**

Der oder die Vorsitzende hat vor allem die Aufgabe, den Verlauf der Besprechung zu regeln – die Teilnehmer an die Tagesordnung zu halten, auf die Zeit zu achten, sicherzustellen, dass Entscheidungen getroffen werden, die Vielredner zum Schweigen zu bringen und die Stilleren einzubeziehen – kurz, eine Art Schiedsrichterrolle zu spielen. Ich glaube nicht, dass man gleichzeitig Schiedsrichter und Mittelstürmer sein kann. Vielleicht meinen Sie, dass es funktioniert, doch Probleme treten häufig dann auf, wenn die Person, die eigentlich den Vorsitz führen sollte, sich zu engagiert in die Debatte einmischt und es auf einmal keinen Schiedsrichter mehr gibt.

Es ist nicht unbedingt notwendig, dass der ranghöchste Teilnehmer den Vorsitz übernimmt. Bei Abteilungsbesprechungen spricht viel dafür, den Vorsitz zu wechseln. Hat diesen Monat Kath die Leitung und im nächsten Anthony, dann werden die Besprechungen zu unterschiedlichen Resultaten führen. Eine Diskussion über die Unterschiede liefert dann Aufschlüsse darüber, was bei der Leitung einer Besprechung wichtig ist. Ein guter Schiedsrichter findet sich meist nahe beim Getümmel. Dementsprechend ist es einfacher, eine Besprechung aus der Mitte einer Gruppe heraus zu leiten, als ihr am Ende eines langen Tisches vorzusitzen.

Machen Sie sich auch bei der Führung von Meetings einen Namen – es wird Ihre Position stärken.

Ein paar Tipps für die Leitung von Besprechungen:

- Jedes Thema vorstellen,
- die Diskussion als Schiedsrichter leiten,
- am Ende die Ergebnisse zusammenfassen,
- nicht zögern, bei Fouls oder Spielende die Trillerpfeife einzusetzen.

Anfang und Ende

Für manche ist es ein Statussymbol, zu spät zu kommen. In einer Firma, mit der ich zusammenarbeitete, galt offenbar folgendes ungeschriebene Gesetz: Nie auf einer Besprechung auftauchen, ehe nicht alle anderen versammelt sind, und so einen guten »Auftritt« haben. Es war wirklich zum Lachen. Beginnt eine Besprechung mit sechs Teilnehmern nur fünf Minuten zu spät, ist *eine halbe Stunde wertvoller Zeit verloren. Besprechungen müssen pünktlich anfangen.* Wer gerne zu spät kommt, ist selber schuld – fangen Sie ohne ihn an. Auch sollten viele (nicht alle) Besprechungen ein festgesetztes Ende haben und tatsächlich zu dieser Zeit beendet werden. Das Prinzip ist ähnlich wie beim Aufräumen des Schreibtischs vor dem Urlaub: Muss die Besprechung um 16 Uhr zu Ende sein, werden eine Menge Nebensächlichkeiten in den letzten zehn Minuten sehr schnell abgehandelt, während sie ohne diesen Termin vielleicht eine halbe Stunde in Anspruch nähmen.

Flipcharts

Visuelle Hilfen tragen meinen Beobachtungen nach stark dazu bei, dass Diskussionen beim Thema bleiben. Erörtern wir die Vor- und Nachteile eines bestimmten Vorschlags, dann können wir sie für jeden deutlich sichtbar aufschreiben. Bei schlecht organisierten Besprechungen können Sie sich freiwillig als Schreiber melden: *Sie* entscheiden dann, was aufgeschrieben wird und was nicht, *Sie* bestimmen, wie groß und an welche Stelle Sie einzelne Punkte schreiben. Mit ein wenig Feingefühl erlangen Sie so beträchtlichen Einfluss auf die Besprechung.

Pausen

Ich persönlich sitze nicht gerne länger als eine Stunde still, weil dann Teile meiner Anatomie einschlafen – gelegentlich auch das Gehirn. Man muss die Möglichkeit haben, aufzustehen und sich ein wenig zu bewegen, und gerade in diesen Pausen kann viel gute Arbeit geleistet werden. Stellen Sie sich folgende Szene bei einer

Managementbesprechung vor: Bill fällt plötzlich etwas ein, was er Valerie mitteilen muss, doch gehört es nicht ganz zum aktuellen Thema, Alison kann Bob in einer Sache nicht folgen, und so entstehen verschiedenste Unter-Tagesordnungen. Wird die Besprechung nun für eine Weile unterbrochen, können die Teilnehmer solche Themen unter sich behandeln, und es ist gut möglich, dass die eigentliche Sitzung nach der Pause deshalb zügiger vorangeht. Eilen aber alle zurück an den eigenen Schreibtisch, um Telefongespräche zu erledigen, dann sind Pausen kontraproduktiv. Und sind die Unterbrechungen zu kurz, dann finden die produktiven Einzeldiskussionen auf den Toiletten statt, und das Geschlecht, das in der Minderheit ist, hat das Nachsehen. Eine Pause sollte es ermöglichen, dass die Gruppe vom formellen in den informellen Modus übergeht.

Bei einer Besprechung redet im Allgemeinen nur einer, während eine unbekannte Zahl zuhört. In Pausen laufen dagegen drei oder vier Gespräche gleichzeitig ab, und da sie sich meist um den Gegenstand oder Ablauf der Besprechung drehen, wird dabei sehr wahrscheinlich mehr an Interaktion ablaufen. In einer frühen Phase meiner Karriere hatte ich intensiv im Bereich der Beziehungen zwischen Arbeitgebern und Arbeitnehmern zu tun. Dabei habe ich festgestellt, dass bedeutende Fortschritte meist in den Verhandlungspausen gemacht werden, nicht während der eigentlichen Verhandlungen. *Erweitern Sie also die Pausen, und verkürzen Sie die Besprechungen.*

Protokolle

Bei den meisten Besprechungen genügt eine knappe Aufstellung der Entscheidungen und der Maßnahmen, auf die sich die Teilnehmer geeinigt haben – also ein kurzes Ergebnisprotokoll. Ein Protokoll des gesamten Diskussionsverlaufs ist aufwendig und überflüssig.

Das Protokoll sollte unmittelbar nach der Besprechung abgefasst werden. Schreibt man das Protokoll der Monatsbesprechung 29 Tage später, am Vorabend der nächsten Monatsbesprechung, dann begeht man eine bürokratische Dummheit.

Sind ausführlichere, von allen Seiten abzusegnende Aufzeichnungen erforderlich (wie bei Baustellenbesprechungen), kann man sich viel Zeit und Auseinandersetzungen sparen, indem man das Protokoll während der Besprechung für alle gut sichtbar auf eine Flipchart oder direkt in einen Laptop schreibt. Von einer elektronischen Flipchart aus können sofort Kopien produziert werden, das auf dem PC geschriebene Dokument kann per E-Mail verschickt werden.

Führe ich Protokoll, notiere ich während der Besprechung die wesentlichen Punkte und lasse dazwischen viel Platz. Am Ende der Sitzung schließe ich diese Lücken noch im Besprechungszimmer, was nie länger als fünf Minuten dauert. Wartet man eine Woche mit der Niederschrift, kostet es erhebliche Mühe, alles zu rekonstruieren. Geht man erst an den Schreibtisch zurück, klingelt dort das Telefon, jemand hat ein dringendes Anliegen, und man hat sich die Arbeit erschwert. Bleiben Sie also, wo Sie sind, und stellen Sie das Protokoll sofort fertig.

Sie können sich auch einen Spaß daraus machen. Wenn Sie selbst tippen oder Ihre Sekretärin vorwarnen, können Sie es manchmal schaffen, 20 Minuten nach der Besprechung das fertige Protokoll zu verteilen. Das wird manche Kollegen erschrecken: »Wie haben Sie das gemacht? Etwa vorher geschrieben?«

Sind Ihre Besprechungen ein Vergnügen?

Wenn Sie eine Besprechung anberaumen, stürzen dann alle zur Kasse, um noch eine Karte zu bekommen? Sind alle scharf darauf, dabei zu sein? So sollte es sein! Wir sind gesellige Wesen, und Besprechungen sollen – und können – Höhepunkte der Woche sein. »Feedback« heißt die Zauberformel. Um es mit den Worten des *One Minute Manager zu* sagen: »Feedback ist das Frühstück der Champions«. Ohne Feedback nehmen wir immer an ein und derselben Besprechung teil, nichts wird besser.

Ich möchte wetten, dass Sie Ihrem Chef oder Ihrer Chefin sehr gut erklären könnten, wie die Besprechungen verbessert werden könnten ... so, wie es Ihre Leute Ihnen erzählen könnten. Sie müssen sie dazu aber gezielt befragen.

Ergänzen Sie bei der nächsten Besprechung Ihres Teams die Tagesordnung um den Punkt »Überprüfung der Sitzungspraxis« und bitten Sie Ihre Mitarbeiter um Vorschläge. Beim ersten Mal werden sie Ihnen nicht glauben. Beim zweiten Mal stellt jemand Sie mit einem albernen oder banalen Vorschlag auf die Probe, und die anderen beobachten genau, ob Sie es ernst meinen. Beim nächsten Mal spüren Sie allmählich wirkliches Feedback, und nach einer Weile werden sich Ihre Besprechungen entscheidend verbessern.

Tipps für Ihren Erfolg:

Setzen Sie nur Meetings an, die wirklich nötig sind.
Bitten Sie nur Teilnehmer dazu, die etwas zum Thema beizutragen haben.
Schaffen Sie klare Regeln für die Vorbereitung, den Ablauf und die Nachbereitung einer Besprechung.

11.
So bleiben Sie fit für den Job

Leitfragen

Kennen Sie die Ursachen von Stress?
Können Sie die Symptome erkennen?
Wie können Sie Stress kurzfristig abbauen?
Wie sieht eine längerfristige Lösung aus?

Stress zehrt an unserer Energie. Er schwächt die Abwehrkräfte, indem er das Immunsystem unterdrückt. Er beeinträchtigt unser Urteils- und Leistungsvermögen, vermindert Zufriedenheit und Selbstvertrauen und kann schließlich zu körperlicher oder geistiger Erkrankung bis hin zum Zusammenbruch führen. Das ist entsetzliche Zeitverschwendung. Auch wenn Sie vielleicht noch nicht so lange dabei sind, werden Sie solche Phasen kennen – umso wichtiger, dass Sie sich möglichst früh mit den Symptomen und Ursachen dieses Phänomens auseinander setzen.

Man muss in Bezug auf Stress zwei Elemente unterscheiden: zum einen die äußeren Kräfte, die auf uns einwirken – ich werde sie als »Druck« bezeichnen –, zum anderen unsere Reaktionen auf diese äußeren Kräfte, den »Stress«. *Der Stress, dem Sie ausgesetzt sind, hängt also zum Teil vom Druck ab, der auf Sie wirkt, und zum Teil von Ihrer Fähigkeit, mit diesem Druck zurechtzukommen.* Beides sollten Sie sorgfältig voneinander trennen können.

Wir alle kennen Menschen, die bei der geringsten Belastung krank werden, und andere, die um sechs aufstehen, Frühstücksbesprechungen abhalten, fünf Jobs auf einmal erledigen, nie vor neun Uhr abends heimkommen (wenn überhaupt), fast das ganze Wochenende durcharbeiten und es nicht anders wollen. Solche Leute sagen häufig, dass sie unter Druck (Herausforderungen, Anreizen) erst richtig aufblühen – und sie haben Recht. Die Auswirkungen

Erregungskurve

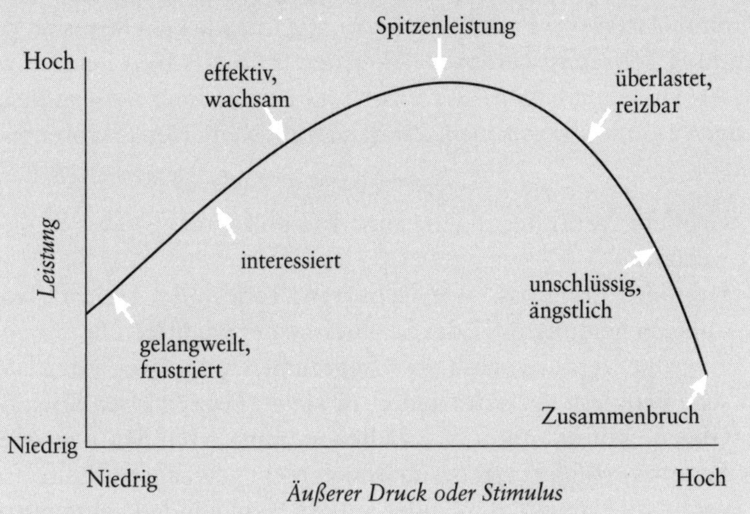

von Druck auf die Leistung lassen sich anhand einer so genannten »Erregungskurve« darstellen.

Bei niedrigem Außendruck fühlt man sich gelangweilt, frustriert und unbeteiligt. Entsprechend schwach ist meist die Leistung. Steigt der Außendruck, wächst auch das Interesse, und man ist allmählich angeregt, wachsam und effektiv. Je stärker der Stimulus, desto besser fühlt man sich – aber nur bis zu einem gewissen Punkt.

Wird dieser Punkt überschritten, beginnt die Effizienz wieder abzusinken – man fühlt sich überlastet, kann sich nicht mehr richtig konzentrieren, neigt akut dazu, Dinge aufzuschieben, man macht Fehler und trifft häufig überstürzte Entscheidungen. Steigt der Außendruck selbst dann noch und lässt er über längere Zeit nicht nach, dann wird der Betroffene unschlüssig, ängstlich, zwanghaft und sehr wahrscheinlich krank. Dies kann bis zum Kollaps führen.

Kennen Sie die Ursachen von Stress?

Jeder äußerliche Druck kann Stress verursachen, doch gibt es bestimmte Arten von Druck, die vorrangig mit starkem Stress in Verbindung gebracht werden. Sie können im familiären Bereich wie im Arbeitsleben liegen. *Gefährlich wird es, wenn mehrere Belastungen zusammenkommen.* Zu den häufigsten Stressfaktoren zählen:

- Größere Veränderungen, zum Beispiel Umzug oder Stellenwechsel;
- familiäre Ereignisse wie Geburten, Todesfälle, Heirat, Trennung, Scheidung oder das Scheitern einer wichtigen Beziehung;
- zu große Verantwortung bei zu geringer Autorität – das klassische Problem der Vorarbeiter in vielen Firmen alten Stils; das Gleiche gilt, wenn man – vielleicht zum ersten Mal – größere Verantwortung trägt, der man sich nicht gewachsen fühlt;
- vereitelte Karrierepläne oder andere bedeutende Diskrepanzen zwischen Wunsch und Wirklichkeit;
- häufige Störungen im Lebensrhythmus, zum Beispiel durch Jetlag oder Schichtarbeit;
- knappe Termine und die Notwendigkeit ständiger Konzentration, zum Beispiel beim Autofahren;
- Lärm;
- Ausübung von Tätigkeiten, die man nicht mit seinen ethischen Grundsätzen vereinbaren kann;
- praktisch jeder Punkt auf unserer Zeitfresser-Liste.

Können Sie die Symptome erkennen?

Die Stress-Symptome schwanken von Mensch zu Mensch. Hier einige der häufigsten, die leichteren zuerst:

- Muskelanspannung in Kreuz, Schultern und Hals; Schlafstörungen;

- erhöhter Blutdruck; häufige Kopfschmerzen, Verdauungsstörungen und Übersäuerung des Magens;
- Unfähigkeit, abzuschalten und sich zu entspannen;
- Konzentrations-, Denk- und Erinnerungsschwierigkeiten;
- Perspektivenverlust und daraus resultierendes zwanghaftes Verhalten; wer raucht, raucht mehr; wer trinkt, trinkt mehr; wer 70 Stunden arbeitet, arbeitet 80; oft wird man gleichzeitig reizbarer und verliert oft die Beherrschung;
- schwindendes Interesse an Arbeit und Familie, Verlust des Selbstvertrauens und der Selbstachtung;
- Magengeschwüre, Diabetes und Asthma können durch Stress ausgelöst werden;
- ständiger Stress laugt den Körper aus und vermindert die Abwehrkräfte gegenüber Krankheiten; nach Einschätzung vieler Ärzte hängen über 50 Prozent der Gesundheitsprobleme in der einen oder anderen Weise mit Stress zusammen;
- körperlicher oder psychischer Zusammenbruch, Herzinfarkt, sogar Krebs.

Aus der Praxis

Ich habe eine interessante Entdeckung zum Thema Stress gemacht, als ich mit meinen Managementkursen anfing. Als Kursleiter versuche ich im Laufe von vier Wochen alle 36 Teilnehmer kennen zu lernen, ständig auf ihre Bedürfnisse zu achten und darauf einzugehen. Das macht mir Freude. Das Adrenalin sorgt dafür, dass ich mich wachsam und kreativ fühle – offenbar eines der besten Mittel, sich vor Krankheiten zu schützen, denn im Verlauf eines Kurses habe ich mir nie auch nur eine Erkältung zugezogen. Am Ende der vier Wochen bin ich müde, aber in Hochstimmung. Dann löst sich der Kurs auf, Erschöpfung holt mich ein, der Adrenalinspiegel sinkt, und es kann gut sein, dass ich krank werde – nichts Ernsthaftes, vielleicht eine Erkältung. Das Gleiche habe ich bei vielen anderen Menschen beobachtet, die eine Phase besonderer Belastung hinter sich hatten. Körper und Geist hängen sehr eng zusammen.

Manche Workaholics sehen die Lösung offenbar darin, überhaupt nicht mehr innezuhalten und ständig auf Touren zu bleiben. Menschen dieses Schlags werden dieses Buch nicht lesen, sondern überfliegen, deshalb nehme ich besser eine auffälligere Schrift, um ihre Aufmerksamkeit zu gewinnen:

- SIND SIE EHRGEIZIG UND AUF WETTBEWERB EINGESTELLT?
- SIND SIE LEISTUNGSORIENTIERT UND ANSPRUCHSVOLL?
- IST DRUCK FÜR SIE ETWAS POSITIVES?

Solche Leute stecken voller Begeisterung und Elan; sie treiben sich und andere gnadenlos an und bringen viel zustande. Sie haben gerne das Sagen, setzen sich bei der Arbeit so ein wie beim Spiel und stecken sich ständig Ziele, die sie auch erreichen – im Büro oder beim Squash.

Aber all diese Begeisterung und Energie schlägt manchmal in Aggression um. Diese Menschen leben mit so hohen Standards, dass sie anderen gegenüber überkritisch sind. Sie benehmen sich so, als ob es ihre Aufgabe sei, anderen Magengeschwüre zu bereiten statt sich selbst. Meistens schieben sie schnell anderen die Schuld zu und erkennen nicht, dass sie selbst die schlechten Manager sind. Für die Teamarbeit sind sie denkbar ungeeignet.

Solchen Leuten möchte ich nahe legen, dass ein Herzinfarkt kein Zeichen von Engagement ist, sondern reine Zeitverschwendung. Und Ihnen möchte ich raten, es nie so weit kommen zu lassen.

Wie können Sie Stress kurzfristig abbauen?

Folgende Mittel werden häufig zur Entspannung eingesetzt:

- Alkohol
- Drogen, Tranquilizer etc.

- Gesellschaft
- Sport

Alkohol und Drogen sind besonders gefährlich. Sie zielen ausschließlich auf die Symptome und bringen stressgeplagte Menschen davon ab, sich mit tieferen Ursachen für ihren Zustand auseinander zu setzen. Wer normalerweise zwei Gläser Wein trinkt, um sich nach einem anstrengenden Tag zu entspannen, benötigt unter erhöhtem Stress wahrscheinlich drei und ist schon in gefährlichem Fahrwasser. Mit einer Flasche Wein intus kann man ein Problem kaum noch objektiv analysieren, vor allem, wenn man sich als Opfer sieht und zu keiner selbstkritischen Haltung mehr fähig ist.

Gesellschaft eignet sich zumindest in der Theorie vorzüglich zur Entspannung, ob dies nun ein guter Zuhörer ist oder jemand, mit dem man einfach herzlich lachen kann. Leider brauchen sehr gestresste Menschen häufig erst ein paar Gläser, ehe sie sich in Gesellschaft richtig »wohl« fühlen können.

Sport ist wahrscheinlich die beste kurzfristige Lösung. Körperliche Anstrengung verbrennt die Giftstoffe, die sich durch Wut und Frustration im Körper ansammeln. Es ist praktisch unmöglich, zu joggen und sich gleichzeitig Sorgen zu machen. Die wahren Leistungsfanatiker schaffen jedoch auch das, indem sie gegen die Uhr laufen. Bei ihnen geht nichts ohne Wettkampf. Denken Sie beispielsweise über ein Fitnessprogramm nach, das Spaß macht, oder auch über eine gute Entspannungstechnik!

Wie sieht eine längerfristige Lösung aus?

Wollen Sie das Problem nicht nur provisorisch, sondern auf lange Sicht lösen, dann sollten Sie logisch und analytisch vorgehen, um die eigentlichen Antworten zu finden. Stellen Sie sich folgende Frage, wenn Sie sich besonders gestresst fühlen: »Welche Ursachen hat der Druck, den ich gerade empfinde?« Notieren Sie alle Ursachen auf einem Blatt Papier. Beantworten Sie dann für jeden dieser Stressfaktoren folgende Fragen:

Fragebogen

- Was kann schlimmstenfalls passieren?
  1. ....
  2. ....
  3. ....
- Wird dies in fünf Jahren noch von Bedeutung sein?
  Ja, weil ....
  Nein, weil ....
- Welche Einstellung hätte ich dazu, wenn ich nur noch ein halbes Jahr zu leben hätte?
  Ich stelle mir vor ... .

Analysieren Sie Ihre Möglichkeiten. Gibt es tatsächlich nichts, was sie tun könnten, dann versuchen Sie, die Sache zu vergessen. Lassen Sie das Schicksal seinen Lauf nehmen, und verwenden Sie Ihre Kräfte lieber auf Angelegenheiten, die Sie beeinflussen können. Dieser Fall ist aber äußerst selten.

Haben Sie in einer Angelegenheit Alternativen und müssen eine Entscheidung treffen, oder wissen Sie, dass Sie etwas tun müssen, doch nicht genau was, dann planen Sie die Entscheidungsfindung, wie ich es in Kapitel 3 zum Thema Aufschieben vorgeschlagen habe.

Grübeln Sie hauptsächlich in der Nacht, dann versuchen Sie, Ihre Gedanken auf ein Blatt Papier zu schreiben, damit sie Ihnen nicht abhanden kommen. Legen Sie dieses Blatt dann weg und gehen Sie zu Bett. Die meisten Sorgen werden nie Wirklichkeit, was mitten in der Nacht manchmal schwer zu glauben ist.

Als junge Führungskraft sollten Sie auch bei Ihren Mitarbeitern auf Anzeichen von Stress achten, vor allem auf Veränderungen von Gewohnheiten und ungewöhnliches Verhalten. Bieten Sie gegebenenfalls taktvoll Ihre Unterstützung an, ehe das Problem zu gravierend wird.

Lernen Sie das Zauberwort »Nein« kennen

Die Übernahme zu vieler Verpflichtungen führt häufig auch zu Stress. Ein Schlüsselelement effektiven Zeitmanagements ist deshalb zwangsläufig das Wörtchen »Nein«. So einfach dieses Wort ist, so große Schwierigkeiten haben manche Manager damit. Ein Beispiel. Anfrage: »Ich habe zu wenig Stoff für unsere Firmenzeitschrift. Könnten Sie mir einen Artikel über XYZ schreiben?« Erwiderung: »Nun ja, ich habe im Augenblick ziemlich viel zu tun. Ich weiß nicht, ob ich die Zeit finde.«

Was soll das denn nun eigentlich heißen? Man könnte es so übersetzen: »Nun ja, ich würde Ihnen gerne helfen, aber im Augenblick bin ich ziemlich schlecht organisiert, und ich weiß nicht, ob ich die Zeit finde. Halten Sie mir also zugute, dass ich Ihnen helfen will – und auch helfen werde, wenn Sie hartnäckig genug sind. Bringe ich's aber nicht fertig, dann habe ich keine Schuld, weil ich Sie gewarnt habe.« Ich bitte Sie! Klingt das vielleicht effizient? Und möchten Sie selbst auf eine solche Haltung stoßen?

Die meisten Menschen möchten freundlich und hilfsbereit sein, doch manche setzen dabei keine Grenzen mehr und lassen es zu, dass andere auf ihnen herumtrampeln. So werden sie mit Arbeit überhäuft und ausgenutzt. Doch auch wenn sie nach außen hin passiv erscheinen, kocht es in ihnen. Irgendwann hat sich dann so viel Druck und Groll angestaut, dass sie explodieren. Das ist erniedrigend und führt zu Verstimmungen. Die andere »Sorte«, die ihren Zorn in sich hineinfrisst, aber die Explosion verhindert, wird irgendwann krank.

Es ist besser, man erkennt sein Recht, »Nein« zu sagen. Dies kann höflich und freundlich, aber dennoch bestimmt geschehen. Sagen Sie nicht »Ich weiß nicht«, »Ich werd's mir überlegen« oder »Vielleicht«, sondern äußern Sie ein klares »Nein«. Damit treten Sie für Ihre Rechte ein und sagen offen und ehrlich, was Sie wollen – Sie liefern und erhalten Feedback.

Das Problem wurzelt zwar in geringer Selbstachtung und mangelndem Selbstvertrauen, doch setzt selbstbewusstes Auftreten auch bestimmte erlernbare Kommunikationsfähigkeiten voraus. Dazu gehört es, Gefühle und Ansichten mit dem Wort »Ich« auszudrücken: »Ich glaube nicht, dass dies meine Aufgabe ist«, »Allmählich werde ich wütend«. Üben Sie diese Sätze! Auch Stimme und Körper sind zu kontrollieren. Aggressive Menschen starren ihr Gegenüber an, brüllen und deuten mit dem Zeigefinger. Passive, unsichere Typen meiden den Blickkontakt, sprechen leise und zögernd und treten von einem Fuß auf den anderen. Selbstsichere Menschen wirken dagegen locker und machen den Eindruck, alles im Griff zu haben. Wichtig ist vor allem, dass man stets logisch und unemotional an die Dinge herangeht. Wenn Sie sich so verhalten, werden Sie mit der Zeit als fairer Gesprächspartner gelten.

Es gibt zahlreiche hervorragende Schnellkurse für selbstbewusstes Auftreten, und für viele, die daran teilnehmen, sind sie von unschätzbarem Wert. *Selbstbehauptung schafft Selbstvertrauen und die Fähigkeit, für die eigenen Rechte einzutreten – und das ist vorteilhaft fürs Zeitmanagement.*

Auf lange Sicht gesund bleiben

Sind gesundheitliche Probleme Zeitverschwendung, dann haben vorbeugende Maßnahmen hohe Hebelwirkung. *Konzentrieren Sie sich auf die Förderung und Entwicklung eines guten Gesundheitszustands.* Lassen Sie sich über Ernährung, Gesundheit und körperliche Bewegung beraten und steigern Sie Ihre persönlichen Energien.

Ein guter Schlaf trägt besonders zu unserer Fähigkeit bei, äußerem Druck standzuhalten. Zahlreiche viel beschäftigte Manager schaffen es durch Übung, pro Nacht mit nur sechs oder sieben Stunden Schlaf auszukommen. Gut so: Eine gesparte Stunde pro Nacht entspricht 45 zusätzlichen Acht-Stunden-Tagen im Jahr. Beachten Sie jedoch, dass Sie mehr Schlaf benötigen, wenn Sie unter Stress stehen oder krank sind – und nehmen Sie sich diese Zeit!

Tipps für Ihren Erfolg:

Unterscheiden Sie zwischen positivem und negativem Stress.
Erkennen sie die alarmierenden Symptome.
Entwickeln Sie eine langfristige Therapie gegen ungesunden Stress.

12.
Zeitnutzungsprotokolle

Leitfrage

Wie sieht Ihr Arbeitstag im Detail aus?

Wie sieht Ihr Arbeitstag im Detail aus?

- Haben Sie schon einmal festgehalten, was Sie an einem Arbeitstag tun?
- Wissen Sie, wie Sie Ihre Arbeitszeit nutzen?
- Wie viel Zeit verwenden Sie etwa aufs Telefonieren?
- Wie oft werden Sie unterbrochen?
- Wie viel Arbeitszeit haben Sie zur freien Verfügung für Tätigkeiten Ihrer Wahl?
- Wie viel Zeit widmen Sie Ihren Prioritäten?

Wenige können diese Fragen präzise beantworten. Zahlreiche Manager erleben eine große Überraschung, wenn sie ermitteln, wie sie ihre Zeit tatsächlich nutzen. Zeit ist eine knappe Ressource, mit der man haushalten sollte – doch wie kann man damit haushalten, wenn man nicht weiß, wie man sie nutzt und wie lange die einzelnen Tätigkeiten dauern?

Manche unübersehbaren und extrem ärgerlichen Zeitfresser kosten uns zehn Minuten in der Woche. Andere, oftmals angenehmere Tätigkeiten rauben uns dagegen pro Woche viele Stunden, und dennoch werden sie selten als Zeitfresser angeführt. Präzise Informationen über die gegenwärtige Leistung sind der erste Schritt, jedes System zu verbessern. *Die Analyse eines Tätigkeitsprotokolls, das die genutzte Zeit detailliert festhält, hilft, die wahren Probleme aufzudecken.*

ZEITNUTZUNGSPROTOKOLL DATUM

	Lesen	Unterbrechungen	Kollegengespräche	Telefon AN	Telefon AB	Verschiedenes
8.00						
9.00						
10.00						
11.00						
12.00						
13.00						
14.00						
15.00						
16.00						
17.00						
18.00						

Führen Sie bitte folgende Anweisungen aus: Legen Sie auf einem Blatt Papier eine Tabelle an, in der Sie notieren, wie Sie Ihre Zeit nutzen (siehe Beispiel S. 111). Überlegen Sie sich, anhand welcher Kategorien Sie Ihre Zeitnutzung analysieren wollen, und tragen Sie diese am Kopf der Tabelle von links nach rechts ein; von oben nach unten schreiben Sie die Stunden des Arbeitstages. Nehmen Sie diese Liste den ganzen Tag mit und halten Sie darin Beginn und Ende jeder Tätigkeit fest. Im Falle häufiger kleinerer Angelegenheiten (kurze Telefongespräche, Unterbrechungen) ist es zweckmäßiger, diese auf der Liste abzuhaken. Genieren Sie sich nicht, mit der Liste gesehen zu werden, sondern erklären Sie den Leuten einfach, was Sie tun – man wird Sie dafür respektieren.

Besonders detailbewusste Manager wollen gerne alle Einzelheiten erfassen und ersinnen so extrem komplexe Zeitnutzungsprotokolle. Sechs bis acht Spalten reichen jedoch vollkommen – versuchen Sie nicht, zu viel festzuhalten. Die einzelnen Überschriften sollten relativ häufige kurze Tätigkeiten wie Lesen, Unterbrechungen und Bürogeplauder bezeichnen. Beschäftigungen wie förmliche Besprechungen und Reisen, die seltener vorkommen, können Sie unter »Verschiedenes« erfassen. Eine andere Möglichkeit ist ein Zeitnutzungsprotokoll, mit dem Sie einen oder zwei spezielle Zeitfresser überwachen (z. B. »Unterbrechungen«) und sich damit Klarheit über dessen zeitliche Ausmaße verschaffen.

Hochgradig kreative Manager nehmen es dagegen mit den Einzelheiten nicht so genau. Sie verwenden lieber Schätzwerte, die sie jeweils nach Ablauf einer Stunde oder am Ende des Arbeitstags eintragen. Dies ist jedoch viel ungenauer und kann ein stark verzerrtes Bild liefern. Das Gedächtnis ist sehr unzuverlässig: Wir erinnern uns gerne an herausragende Ereignisse wie zum Beispiel Probleme, die uns aufgebürdet werden, unterschätzen aber Leichtes und Alltägliches wie Bürogeplauder und Lesen. Besser ist es, sich alles sofort zu notieren.

Am Anfang werden Sie mich wegen dieses Vorschlags ohne Zweifel hassen. Das Protokollieren der Tätigkeiten macht viel Mühe, und wahrscheinlich werden Sie nach einem halben Arbeitstag plötzlich feststellen, dass Sie es seit einer Stunde völlig vergessen haben. Machen Sie weiter – mit Übung wird es besser.

Ich rate Ihnen nicht dazu, über längere Zeit hinweg ein Tätigkeitsprotokoll zu führen – vielleicht testen Sie es besser einen Tag lang, um ein geeignetes System zu finden, mit dem Sie dann zwei oder drei Tage tatsächlich relevante Daten erfassen. Danach wiederholen Sie den Vorgang jedes halbe Jahr ein paar Tage, um Ihren Fortschritt zu kontrollieren.

Notieren Sie bei der Tagesplanung den geschätzten Zeitaufwand für alle bedeutsamen Aufgaben und vergleichen Sie später »Soll-« und »Ist-Werte«. Manche Arbeiten dauern immer doppelt so lange, wie man meint. Würde sich ein Buchhalter über einen Posten freuen, der das Budget regelmäßig um 100 Prozent übersteigt? Die meisten stellen fest, dass Ihnen schon das Protokollieren der Zeitnutzung hilft, effizienter zu werden – noch bevor sie die Ergebnisse analysiert haben.

Und genau diese Effizienz ist es ja, die Sie anstreben und durch die Sie für Ihre Mitarbeiter vorbildlich sein möchten.

Wenn man weiß, wofür man seine Zeit tatsächlich verwendet, dann kann man dies mit der erstrebten Zeitnutzung vergleichen. Ein Zeitnutzungsprotokoll kann auf erschreckende Weise demonstrieren, dass die meisten Manager ihre Zeit weit ineffektiver nutzen, als sie ohnehin schon meinen. Das wirkt manchmal wie ein Katalysator, der Manager zu grundsätzlichen Änderungen ihrer Arbeitsweise veranlasst – ein hervorragender Ausgangspunkt für das Bemühen um größere persönliche Effektivität. Also: Nutzen Sie dieses einfache Werkzeug, um Ihr Zeitmanagement zu optimieren!

Tipps für Ihren Erfolg:

Machen Sie sich die Mühe, Ihren Arbeitstag genau aufzusplitten.
Setzen Sie die gewonnenen Erkenntnisse um.

13. Die veränderte Rolle des Managers

Leitfragen

Wie sahen früher die Hierarchien in Unternehmen aus?
Wie gestalten sich moderne Organisationsformen?

Wie sahen früher die Hierarchien in Unternehmen aus?

Es gab einmal eine Zeit, in der waren große Unternehmen nach einem ganz typischen Schema aufgebaut.

Aus der Praxis

Ganz oben saß jemand, der Unmengen von Entscheidungen traf, Befehle ausgab und von vielen für unfehlbar gehalten wurde. Ich werde ihn GOTT nennen. Auf der nächsten Stufe folgten die Leute mit den großen Eckbüros. Wir bekamen sie selten zu Gesicht, weil sie ständig die Welt bereisten, in Ausschüssen saßen und an Diners teilnahmen. Ab und zu entdeckten wir sie auf Bildern in der Zeitung. Diese Persönlichkeiten werde ich »Herr Groß« und »Herr Wichtig« nennen (in jenen weit zurückliegenden Tagen waren es tatsächlich ausnahmslos »Herren«).

Auf der Stufe darunter wurde das Bild verschwommen: Die Leute an der Basis wussten kaum, wer dort für was verantwortlich war. Führungskräfte auf dieser Ebene waren vor allem daran zu erkennen, dass auch sie reservierte Parkplätze hatten und im Chefkasino essen durften. In einer Firma durften sie zudem die Cheftoilette benutzen. Keine Ahnung, was sie eigentlich machten, aber bei all den Nebenleistungen und Privilegien, die ihnen zustanden, hatten sie sicherlich eine gewisse Bedeutung.

Ganz unten, an vorderster Front, fand sich eine große Zahl von Menschen, die als »Arbeiter«, »Bedienstete«, »Lohnabhängige«, »Proleten«, »Lohnsklaven«, »Handlanger«, »Pöbel« oder mit anderen abwertenden Bezeichnungen tituliert wurden. Ach ja – auf dieser Ebene gab es auch viele Frauen.

Wir hatten es also mit einer hierarchischen Ordnung ähnlich derjenigen zu tun, die man in China schon vor 2 500 Jahren geschaffen hatte oder nach der das römische Heer aufgebaut war: oben Entscheidungsträger mit Hirn, unten Befehlsausführende ohne Hirn. Bei jeder Organisation dieser Art haben die Aufseher bzw. die Manager auf der untersten Leitungsebene in der Regel Polizeiaufgaben: Sie geben Befehle an die vorderste Front weiter, passen auf, ob die Leute die Befehle ausführen, und melden es den Kommandeuren, wenn sie es nicht tun. Von dem Modell der »flachen Hierarchien«, mit dem wir es heute sehr oft zu tun haben, war zu dieser Zeit natürlich niemals die Rede.

Diese Art von Organisation war in den letzten Jahren nicht besonders erfolgreich. Immer wenn ich in einem Unternehmen zu tun hatte, das in der einen oder anderen Form nach diesen Prinzipien aufgebaut war, habe ich dort unter der Belegschaft eine Verhaltenstendenz beobachtet, die man als »böswilligen Gehorsam« bezeichnen könnte: Die Mitarbeiter halten sich wortwörtlich an Anweisungen – mit besonderem Vergnügen, wenn sie wissen, dass diese falsch sind. Sie empfinden eine große Distanz zu ihrem Arbeitgeber und fühlen sich nicht als Teil eines gut funktionierenden Teams.

Denken Sie an Ihre Schulzeit zurück, kommt Ihnen dies wahrscheinlich bekannt vor. Manche müssen nicht einmal so weit zurückblicken. Ein Manager erzählte mir vor kurzem, dass sein Chef, ein geborener Panikmacher, eines Montagmorgens in sein Büro stürzte und brüllte: »Es brennt! Es brennt! Schreiben Sie mir für die Vorstandssitzung am Mittwoch einen Bericht über XYZ.«

»Das schaffe ich unter keinen Umständen bis Mittwoch, ich habe viel zu viel zu tun«, antwortete der Manager.

»Lassen Sie alles andere fallen, ich brauche diesen Bericht bis

Mittwoch.« Mit diesen Worten lief der Chef wieder hinaus und schlug die Tür hinter sich zu.

Der Manager machte, was ihm befohlen worden war.

Am Mittwoch um 9 Uhr 59, eine Minute vor der Vorstandssitzung, kam sein Chef wieder angerauscht: »Wo sind die monatlichen Zahlen für den Vorstand?«

»Hab ich nicht gemacht –«

»Haben Sie nicht gemacht?!«

»Sie haben mir doch gesagt, dass ich alles fallen lassen soll.«

Kommt Ihnen das bekannt vor? Haben Sie etwa in Ihrer direkten Arbeitsumgebung Menschen, die durch solche Verhaltensweisen auffallen?

Wie kann ein Unternehmen darauf hoffen, beständige Qualität und gute Dienstleistungen zu liefern, wenn die Mitarbeiter in vorderster Linie diese Einstellung haben?

Wie gestalten sich moderne Organisationsformen?

Moderne Organisationen bewegen sich auf ein neues Modell zu. Dabei steht nicht eine Art Unternehmensgott an höchster Stelle, sondern der Personenkreis mit der größten Bedeutung – die Kunden. *Will ein Unternehmen Erfolg haben, muss es die Bedürfnisse seiner Kunden erfüllen.* Also werden die Kunden an die Spitze des Organisationsdiagramms gesetzt. Auf der nächsten Stufe kommen die Leute, die etwas für die Kunden tun – die Mitarbeiter in vorderster Linie, in deren Dunstkreis Sie sich bewegen oder unter denen Sie vielleicht schon einen verantwortlichen Posten innehaben.

Dieses neue Organisationsmodell lässt sich auf einen ganzen Konzern wie British Airways ebenso anwenden wie auf seine einzelnen Bereiche, etwa die Personalabteilung.

Betrachten Sie zum Beispiel Ihre Abteilung. Es kann gut sein, dass die von Ihrem Bereich bedienten Kunden ebenfalls zum Gesamtunternehmen gehören – das Modell funktioniert mit »inter-

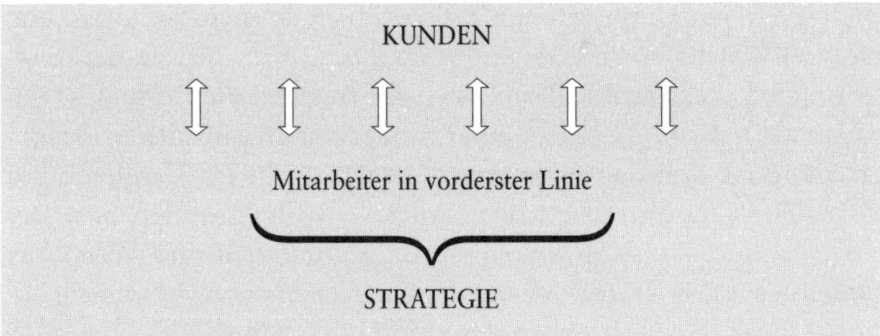

nen« Kunden genauso gut. Nehmen Sie an, Ihre »Leute in vorderster Linie« wollen gute Arbeit leisten (was meiner Überzeugung nach fast alle wollen, sofern nichts dazwischen kommt), und stellen Sie sich nun folgende Frage: »Was brauchen meine Leute, damit sie gute Arbeit leisten können?« Oder, wenn wir schon dabei sind: »Was brauchen wir alle, damit wir gute Arbeit leisten können?«

Beantworten Sie die Frage erst selbst, ehe Sie meine Antworten lesen:

Fragebogen

WAS BRAUCHT MAN, UM GUTE ARBEIT LEISTEN ZU KÖNNEN?

1. ....
2. ....
3. ....

Ich habe diese Frage vielen Managern gestellt. Die Antworten umfassen meist folgende Punkte:

- Klare Ziele
- Zielbewusstheit
- Autorität, Informationen und Vertrauen
- Optimale Werkzeuge und Ausrüstung
- Schulung
- Feedback
- Unterstützung

Auch wenn ein Unternehmen insgesamt noch mehr benötigt, um erfolgreich arbeiten zu können (Strategien, Kontrollsysteme, Innovation etc.), beschreibt diese Liste sehr treffend die Rolle des Managers als Führungskraft in einer modernen Organisation. Beachten Sie, dass sich das Aufgabenschwergewicht im Vergleich zur vorherigen Charakterisierung (»Polizei«) völlig geändert hat: *Der neue Manager ist nicht mehr Polizist, Kontrolleur und Verwalter, sondern eine Art Trainer, der es anderen leichter macht und sie anspornt.* Dies erfordert neben den rein fachlichen Fähigkeiten auch gute so genannte »soft skills«, sie umfassen beispielsweise Teamgefühl, Einfühlungsvermögen, Verhandlungsgeschick usw.

Interessanterweise finden sich diese »weicheren« Fertigkeiten häufiger bei Frauen als bei Männern. Sehe ich mir die oberen Führungsriegen vieler Organisationen an, dann erkenne ich dort oft ein Problem: Es fehlen Frauen. Meiner Meinung nach werden diese Unternehmen keinen von Grund auf modernen Ansatz entwickeln, solange sie auf den obersten Führungsebenen kein ausgewogeneres Geschlechterverhältnis herstellen.

Kennen Sie die Geschichte von den beiden Managern, die in Kenia spazieren gingen? Als sie hinter einem kleinen Hügel hervorkamen, standen sie plötzlich vor einem Löwen. Sie erstarrten vor Schreck. Der Löwe sah sie nur an. Eine volle Minute geschah gar nichts. Dann schob der eine Manager langsam seine Hand in seine Tasche, holte ein Paar Laufschuhe hervor und begann, sie anzuziehen.

»Machen Sie keine Dummheit«, flüsterte sein Begleiter, »Sie können nicht schneller laufen als ein Löwe.« »Muss ich auch nicht«, kam die Antwort, »ich muss nur schneller laufen als Sie.«

Die Moral dieser Geschichte: Man muss wissen, mit wem man konkurriert. In den alten, hierarchischen Organisationen konkurrierte nur allzu oft das »Management« mit den »Arbeitern« oder die Verkaufsabteilung mit der Fertigungsabteilung, und das Gesamtunternehmen stand seinen Zulieferern und Kunden häufig fast feindlich gegenüber. Die moderne, kundenorientierte Organisation beruht dagegen auf Teamwork und Kooperation. Während im extrem hierarchischen Konzept jede Entscheidung möglichst weit oben getroffen wurde, soll dies beim modernen, kundenorientierten Ansatz möglichst nahe an der vordersten Linie geschehen. Und während die hierarchische Organisation funktionell so aufgebaut war, dass der Kommunikationsfluss vor allem vertikal verlief, sind die Kommunikationsmuster in modernen Organisationen mit all ihren Task-Groups und Projektteams erheblich komplexer. Sehen Sie Ihre Aufgabe darin, sich diesem modernen Führungsansatz zu verschreiben, dann werden Sie mit Sicherheit den Platz finden, an dem Sie Ihre Fähigkeiten adäquat einsetzen können.

Besonders in einer weniger strukturierten Umgebung sind die sozialen Fertigkeiten mit entscheidend für die Effektivität des Managers: Kornmunikationsfähigkeiten, Delegation, Führung und Zusammenarbeit mit anderen innerhalb und außerhalb der Organisation.

Tipps für Ihren Erfolg:

Erheben Sie die Kundenorientierung des Unternehmens zum Prinzip.
Schaffen Sie optimale Voraussetzungen für Ihre Mitarbeiter.
Setzen Sie Ihre »soft skills« ein.

14.
Effektive Kommunikation

Leitfragen

Kennen Sie die Grundregeln der Kommunikation?
Was ist bei schriftlicher Kommunikation zu beachten?
Wie gestalten Sie erfolgreich Vorträge und Referate?
Können Sie gut zuhören?
Wissen Sie, was effektive Kommunikation ist?
Kennen Sie die Bedeutung nonverbaler Kommunikation?

Die Kommunikation ist ein zentraler Bestandteil unseres Lebens. Nur durch Kommunikation existiert der Mensch als geselliges Wesen. Genetisch hat sich der menschliche Geist in den letzten 3 000 Jahren kaum verändert. Die erstaunliche Entwicklung unserer Zivilisation hat sich vollzogen, weil wir ungeheures Wissen angesammelt haben, das jede Generation an die nächste weitergegeben hat.

Wir kommunizieren ständig – mit der Familie, mit Freunden, Kollegen, Kunden, Lieferanten und anderen Menschen. Darin müssten wir eigentlich Experten sein. Zwar leuchtet es ein, dass die Verständigung mit Fremden oder mit Menschen in größeren Gruppen Schwierigkeiten aufwerfen kann, aber der direkte Dialog mit Menschen, die wir gut kennen, sollte doch wohl kein Problem darstellen.

Aber ist dies wirklich der Fall? Können Sie guten Gewissens sagen, mit Ihrem Ehe- oder Beziehungspartner stets effektiv zu kommunizieren? Oder treten selbst da Probleme auf? Und wie gestalten sich die Kontakte an Ihrem Arbeitsplatz – zu Mitarbeitern, Vorgesetzten, Kunden?

Die zunehmende Komplexität der Beziehungen in kundenorientierten Unternehmen wird unsere Kommunikationsfähigkeiten noch stärker auf die Probe stellen.

Unzureichendes Kommunikationsgeschick in Unternehmen trägt trotz aller Bemühungen immer noch zur Ineffizienz bei, und so wird dort unnötig viel Zeit verschwendet.

In diesem Kapitel stelle ich Ihnen Punkt für Punkt sechs Aspekte der Kommunikation vor:

- Allgemeine Prinzipien der Kommunikation
- Schriftliche Kommunikation
- Vorträge und Referate
- Zuhören können
- Effektive Kommunikation
- Nonverbale Kommunikation

Kennen Sie die Grundregeln der Kommunikation?

Hören andere Ihnen wirklich gut zu? Nehmen sie immer wahr, was Sie sagen, und verstehen sie, was Sie meinen? Beobachten Sie Leute in einem Café oder einer Bar: Wie oft hören diejenigen, die gerade nicht an der Reihe sind, ihrem Gesprächspartner offenbar gar nicht zu? Die meisten Menschen sind dazu nicht in der Lage. Während wir sprechen, denkt unser Gesprächspartner zum Teil an etwas anderes, oft an das, was er selbst als Nächstes sagen wird. Hört er tatsächlich zu, dann nimmt er unsere Äußerungen häufig falsch auf. Grundsätzlich gilt: Wörter tragen keine Bedeutung an sich, sondern erlangen erst durch den Kontext Bedeutung. Das gleiche Wort kann in unterschiedlichem Zusammenhang etwas ganz anderes heißen.

Freunde, Manager, Verkäufer, Kunden – alle tendieren dazu, nur das zu hören, was sie gerne hören möchten; Mitteilungen, die ihren Erwartungen nicht entsprechen, werden häufig nicht verstanden. Was Ihnen offensichtlich und einfach erscheint, muss es für andere noch lange nicht sein. Wie sieht es bei Ihnen aus? Haben Sie oft das Gefühl, dass Ihre Botschaft bei Ihrem Gegenüber nicht ankommt?

Die Bedeutung eines Satzes kann sich schon durch leichte Verschiebungen in der Betonung grundlegend verändern. Sprechen Sie folgenden Satz mit der Betonung auf einem Wort und wiederholen Sie ihn dann fünfmal, wobei Sie jedes Mal ein anderes Wort betonen. Welche unterschiedliche Bedeutung stellt sich ein?

»Haben Sie den roten Stift genommen?«

Missverständnisse treten auch auf, weil wir gerne hören oder sehen, was wir erwarten. Dazu ein beliebtes visuelles Beispiel:

PARIS
IM
IM FRÜHLING

Was stimmt daran nicht? Falls Sie es nicht gemerkt haben, lesen Sie es noch einmal ganz langsam, Wort für Wort.

Wörter und Satzteile, die uns unwichtig erscheinen, können beim einen Ohr hinein- und beim anderen wieder hinausgehen, ohne mit dem Gedächtnis in Berührung zu kommen. Wir registrieren nur Muster und Bedeutungen. Will ich mit Ihnen kommunizieren, dann beginne ich mit einer in sich abgeschlossenen Idee, die schlecht durchdacht sein kann; ich übersetze die Idee in eine lineare Abfolge von Wörtern, die sie vielleicht unpräzise ausdrücken, und spreche diese Wortfolge, wobei ich nicht immer sage, was ich meine; Sie hören mir unterdessen zu, doch nicht ständig, und übersetzen die gehörten Wörter zurück in eine abgeschlossene Idee. Wie hoch stehen die Chancen, dass bei Ihnen eine genaue Kopie meiner ursprünglichen Idee ankommt? Und stellen Sie sich nun einmal vor, welche Konsequenzen eine solche Diskrepanz bei einer wichtigen Vertragsverhandlung haben kann!

Wir hören nicht gut, wenn wir wütend sind, Angst haben, uns unwohl fühlen oder Schmerz empfinden – ja selbst unter den günstigsten Umständen hört der Nicht-Sprecher häufig nicht zu. Denken Sie immer daran, dass Ihr schweigendes Gegenüber – sei es Kunde, Kollege, Vorgesetzter oder Familienmitglied – nur einen geringen Teil von dem verstehen wird, was Sie auszudrücken versuchen. *Der häufigste Irrtum bei der Kommunikation besteht in der Annahme, sie habe 1:1 stattgefunden.*

Diese Probleme müssen Sie einkalkulieren, wenn Sie wirkungsvoll kommunizieren wollen. Manchmal unterscheidet sich die ausgesandte Mitteilung von der, die tatsächlich empfangen wird. Bei der Kommunikation kommt es jedoch *allein* auf diese empfangene Mitteilung an. Am Ende eines Austauschs spielt es keine Rolle, was Sie gesagt haben, meinen gesagt zu haben oder sagen wollten – es zählt nur das, was Sie *nach Meinung* Ihres Gesprächspartners gesagt haben.

Wie kann man also die Gefahr von Missverständnissen auf ein Mindestmaß senken? Es gibt zwei Möglichkeiten, und geschickt kommunizierende Menschen setzen beide ein: erstens die Mitteilung leicht verständlich gestalten, d. h. in der Sprache und den Begriffen des Gegenübers und an *seinen* Annahmen, Bedürfnissen, Wünschen und Ängsten ausgerichtet; zweitens die regelmäßige Kontrolle, ob man auch richtig verstanden wird.

Was ist bei schriftlicher Kommunikation zu beachten?

Schriftliche Mitteilungen sind einseitige Kommunikationsakte ohne Möglichkeit des direkten Feedbacks. Dies macht sie zu einer schwachen Form der Kommunikation. Das Versenden eines Memos ist keine Kommunikation. Zur schriftlichen Kommunikation gehören u. a.:

- Briefe
- Protokolle
- Berichte

Da wir uns trotzdem stark auf schriftliche Mitteilungen stützen, müssen wir das Beste daraus machen. Bekommen Sie manchmal weitschweifige, langweilige, 20 Seiten lange Berichte? Wie geht es Ihnen, wenn Sie diese lesen? Wann schalten Sie ab?

Ich finde, dass alle Berichte gut lesbar geschrieben werden sollten. Ich gehe sogar noch weiter und stelle die Hypothese auf, dass alles, was es wert ist, mitgeteilt zu werden, sich auf einer einzigen Seite zusammenfassen lässt. Müssen Sie unbedingt 20 Seiten schreiben, dann fangen Sie mit einer Zusammenfassung von einer Seite Länge an: Darum geht's, das sind meine Schlussfolgerungen. Die restlichen 19 Seiten behandeln Sie als Anhänge für die Leser, denen es auf die Einzelheiten ankommt.

Viele Manager tun das nicht gerne: Verraten wir auf der ersten Seite die Pointe, dann lesen die Leute vielleicht nicht weiter. Doch wenn sie nicht mehr Informationen benötigen, dann ist es doch nur recht und billig, ihnen diese in knapper Form darzubieten. Womöglich dauert es etwas länger, einen Bericht auf solch prägnante Weise zu verfassen, doch glaube ich, dass man ein Thema erst richtig versteht, wenn man es auf seine einfachste Form reduziert hat. Sir John Harvey-Jones sagte: »*Kann man die wesentlichen Punkte, die man vermitteln will, nicht in angemessener Weise auf zwei Seiten mitteilen, dann ist so gut wie sicher, dass man das Problem nicht richtig durchdacht hat.*« Machen Sie das zum Prinzip für die Abfassung von Briefen, Protokollen usw. – Ihre Geschäftspartner werden Ihnen dankbar sein!

Wie gestalten Sie erfolgreich Vorträge und Referate?

Bei manchen Referenten scheint das Halten von Vorträgen ein angeborenes Talent zu sein. Dies ist eine Illusion – niemandem wird die Fähigkeit mitgegeben, aufzustehen und locker-leicht vor einer großen Gruppe zu sprechen. Diese Fertigkeit ist erarbeitet worden, und sie lässt sich von jedem erwerben, auch von schüchternen und introvertierten Menschen. Es ist zwar durchaus möglich, ohne diese Fertigkeit in hohe Führungspositionen aufzusteigen, doch wird dies zu einem eindeutigen Handicap, wie einige Führungskräfte regelmäßig demonstrieren. *Setzen Sie es sich zum Ziel, auch in dieser Disziplin zu glänzen!*

Stellen Sie sich vor, Sie sitzen bei einem Vortrag im Publikum. Was sind die schlimmsten Vergehen, deren sich Redner normalerweise schuldig machen? Die meisten von uns würden sagen »zu lange reden« und »langweilen«. Die schlechtesten Redner machen beides.

Was behält man von einem Vortrag normalerweise im Gedächtnis? Meistens nicht viel, in der Regel die ersten Minuten und die Schlussbemerkungen. Vielleicht erinnern wir uns auch an einen Teil der visuellen Hilfen oder an einen einzelnen Punkt, der nachdrücklich hervorgehoben wurde oder für uns besonders relevant war. Den Rest haben wir wahrscheinlich vergessen, noch ehe der Vortragende wieder Platz genommen hat. Denken Sie daran, wenn Sie Ihr nächstes Referat vorbereiten.

Halten Sie einen Vortrag, dann stehen Sie im Rampenlicht. Sie haben die Chance, andere zu beeindrucken und als guter Referent in Erinnerung zu bleiben. Mit unzulänglichen Kommunikationsfertigkeiten kann man jedoch selbst das beste Thema zugrunde richten. Wie Sie etwas mitteilen, kann also wichtiger sein als das, was Sie zu sagen haben. Es folgen nun einige kurze Tipps, wie Sie zuhörerfreundlich sprechen und die häufigsten Fallen vermeiden können:

- **Kontrollieren Sie vorher alle technischen Hilfsmittel**

Sehen Sie nach, wo die Schalter sind, und passen Sie auf, dass der Overhead-Projektor sauber und ordnungsgemäß eingestellt ist, die Stifte schreiben, die Dias richtig herum eingelegt sind, der Laptop mit den Folien funktioniert und alles da ist, was Sie brauchen. Achten sie darauf, dass Sie eine Uhr im Blickfeld haben, oder legen Sie Ihre Armbanduhr so hin, dass Sie die Uhrzeit ablesen können.

- **Der erste Eindruck ist entscheidend**

Ziehen Sie sich dem Anlass entsprechend an, stehen Sie zum Sprechen auf und beginnen Sie mit einer klaren, sicheren Einleitung. Fangen Sie nie mit einer Entschuldigung an! Denken Sie daran, dass das Publikum von Ihnen eine gute Leistung erwartet.

- **Anfang und Ende zählen**

Die Zuhörer werden höchstwahrscheinlich die ersten und die letzten Minuten im Gedächtnis behalten. Es lohnt sich deshalb, ein Skript für Einleitung und Schluss vorzubereiten, sodass Sie klar und sicher beginnen und einen sauberen Schlussstrich ziehen können.

- **Beginnen Sie mit einer Übersicht über den Vortrag**

So können sich die Zuhörer orientieren. Erwähnen Sie unter anderem den Zweck und die wesentlichen Abschnitte Ihres Vortrags, und geben Sie auch ein ungefähres Zeitlimit an.

- **Verwenden Sie einfache Alltagssprache**

Ich kann es nicht leiden, wenn ein Redner Fachchinesisch spricht, mit nichtssagenden Abkürzungen um sich wirft oder sich wie das Kleingedruckte in einem Vertrag anhört. Wenn Sie Ihr Referat vor internationalem Publikum auf Englisch halten, dann verwenden Sie einfache grammatikalische Konstruktionen und ein eingeschränktes Vokabular.

- **Ändern Sie ab und zu Ihren Tonfall**

Das hilft Ihnen, um entscheidende Punkte zu unterstreichen und ein neues Thema anzukündigen. Soll das Publikum Ihren Vortrag mit Begeisterung aufnehmen, dann müssen Sie Ihre eigene Begeisterung vermitteln. Beim japanischen Kabuki-Theater schlägt ein Mann an wichtigen Stellen mit zwei kleinen Holzklötzen auf ein großes Brett, wobei die Häufigkeit und Lautstärke des Geräuschs der Bedeutung des betreffenden Ereignisses entspricht. Ein guter Redner signalisiert dies mit der Stimme und durch regelmäßig eingesetzte verbale Wegweiser wie »der Hauptgrund ist jedoch«, »es gibt hier offenbar zwei Alternativen« etc.

- **Halten Sie mindestens 80 Prozent der Zeit Blickkontakt mit Zuhörern**

Sehen Sie nicht über sie hinweg oder durch sie hindurch, sondern blicken Sie ihnen direkt in die Augen. Dies geht nicht, wenn Sie dauernd ablesen. Ich persönlich verwende Stichwortkärtchen, damit ich nicht den Faden verliere; für den Notfall können auch längere Passagen darauf geschrieben werden.

- **Setzen Sie visuelle Hilfen ein**

Sie erleichtern das Zuhören und nehmen ein wenig Druck vom Redner. Achten Sie jedoch darauf, dass die Bilder übersichtlich und nicht zu kleinteilig gestaltet sind.

- **Lassen Sie »Störungen« zu**

Werden Sie unterbrochen oder stellt man Ihnen kritische Fragen, dann behandeln Sie diese unbedingt verständnisvoll. Verbreitet sich unter den Zuhörern das Gefühl, einer der ihren sei durch eine schroffe Reaktion des Redners herabgesetzt worden, dann haben Sie einen Märtyrer geschaffen, hinter den sich alle anderen stellen werden. Legitimieren Sie die Einmischung und versuchen Sie, dafür Verständnis zu haben. Besser, das Publikum erlebt Sie überhöflich gegenüber einem schwierigen Fragesteller, als unhöflich. Können Sie eine Frage nicht beantworten, dann geben Sie dies einfach zu.

- **Beziehen Sie die Zuhörer mit ein**

Wollen Sie das Publikum während des Vortrags oder danach zur aktiven Teilnahme motivieren, dann warnen Sie es vor, und wärmen Sie es mit leichten Fragen auf, zum Beispiel: »Wer von Ihnen hält regelmäßig Referate?«, »Wie ging es Ihnen am Anfang dabei?«. Wer eine halbe Stunde lang auf sein Publikum einredet und dann wissen will, ob es »irgendwelche Fragen« gibt, der erntet meist nur Schweigen.

- **Vorsicht vor einem zurückhaltenden Publikum!**

Warten Sie vergeblich auf Publikumsreaktionen wie Lacher oder Erwiderungen, bedeutet dies nicht, dass Ihr Vortrag nicht gut ankommt. Manche Menschen sind von Natur aus zurückhaltend, und andere fühlen sich vielleicht gerade müde. Ich weiß aus eigener Beobachtung, dass das Ausbleiben erwarteter Publikumsreaktionen auch erfahrene Redner scheitern lassen kann. Sie beeilen sich, zum nächsten Höhepunkt Ihres Vortrags zu kommen, um Reaktionen zu erzwingen, verlieren die Übersicht, beginnen sich zu wiederholen und geraten sichtbar durcheinander. Wenn Sie merken, dass Ihr Publikum nur träge reagiert, dann halten Sie eben einen Monolog. Verzichten Sie auf belanglose Scherze und sprechen Sie in gleichmäßigem Tempo.

- **Niemals überziehen!**

Das Publikum hat in ein bis zwei Stunden 80 Prozent Ihres Vortrags vergessen – spielt es also eine große Rolle, wenn Sie etwas weglassen? Kassieren Sie lieber den Pluspunkt dafür, dass Sie pünktlich zu Ende kommen.

- **Halten Sie die schriftliche Form des Referates bereit**

Die Zuhörer danken Ihnen meistens für eine Kopie des Vortrags oder eine Zusammenfassung am Ende, obwohl sie diese wahrscheinlich nie lesen werden.

- **Fordern Sie Feedback ein**

Bitten Sie vorher einen Zuhörer um diesen Gefallen, und nehmen Sie zur Kenntnis, was Sie hören, auch wenn es wehtut. Das beste Feedback ist eine Video-Aufnahme – es wird Ihnen zwar keinen Spaß machen, Ihren Auftritt noch einmal zu sehen, doch womöglich können Sie viel dabei lernen.

- **Praxis zählt**

Halten Sie überall Ausschau nach Übungsmöglichkeiten. Bietet Ihr Unternehmen Vorträge für Vereine, Gesellschaften und Schulen am Ort an, dann melden Sie sich freiwillig als Referent. Denken Sie daran, dass jeder Redner nervös ist, auch der erfahrenste. Wenn ich einmal nicht mehr nervös bin, mache ich Schluss damit, Vorträge zu halten.

Können Sie gut zuhören?

Ich habe schon darauf hingewiesen, dass geschickt kommunizierende Menschen den Bedürfnissen und Annahmen ihrer Gesprächspartner gerecht werden wollen und immer kontrollieren, ob sie verstanden werden. Wie bringen sie dies fertig? Natürlich indem sie Fragen stellen. Und wenn sie eine Frage gestellt haben? Dann hören sie zu. Hören auch Sie zu? Wirklich? *Die meisten Menschen sind miserable Zuhörer.* Und gerade im Job kann ein »unprofessionelles« Zuhören zu fatalen Missverständnissen führen.

Aus der Praxis

Stellen Sie sich vor, Sie möchten einen Kollegen aus einer anderen Abteilung – nennen wir ihn David – zur Änderung einer seiner Verfahrensweisen überreden. Sie möchten beispielsweise erreichen, dass er bei gemeinsamen Kundengesprächen mehr Ihrer Verhandlungsstrategie folgt. Sie haben Ihren Appell vorgetragen, und David hebt zur Erwiderung an. Sie achten sehr genau auf seine ersten Worte, weil Sie interessiert sind. Da es sich schnell abzeichnet, dass David ihrem Wunsch nicht entsprechen wird, beginnen Sie zu überlegen, was Sie als Nächstes sagen könnten. Man kann aber nicht gleichzeitig überlegen und zuhören, das heißt, Sie hören nicht mehr zu. Alle 10 oder 15 Sekunden schnappen Sie einige Fetzen auf, um sicherzugehen, dass David noch beim gleichen Thema ist. Schließlich haben Sie Ihre nächste Äußerung ausgearbeitet, worauf Sie vielleicht noch einmal in sich gehen, um sie ein wenig einzustudieren. Im Anschluss daran hören Sie sehr viel genauer hin, konzentrieren sich aber ausschließlich auf Davids Sprechrhythmus, um die nächste Pause abzupassen, in der Sie Ihr Argument anbringen können. Besteht David darauf, dass Sie ihn ausreden lassen, und spricht noch einmal drei Minuten, dann kommen Sie anschließend genau auf den Punkt zurück, bei dem er vorher war, weil Sie keines seiner Worte wahrgenommen haben.

Eine kommunikative Katastrophe!

Viele Manager hören sehr schlecht zu, obwohl die Fähigkeit des Zuhörens ein entscheidendes Element effektiver Kommunikation ist und sich wie jede Fertigkeit durch Training und Übung entwickeln lässt. Die Probleme gehen schon damit los, dass wir hier kein Problem erkennen. Wie oft sind Ihnen schon Kurse für »effektives Zuhören« aufgefallen?

Gutes Zuhören ist eine der wichtigsten Fertigkeiten, über die Manager verfügen müssen. Durch Zuhören erweisen wir anderen höchsten Respekt. Wir zeigen damit, dass wir das Gegenüber als Person achten. Ohne diese Demut kann kein wahrer Dialog stattfinden. Dafür ist beiderseitiges Vertrauen erforderlich, was sich erst nach einer gewissen Zeit entwickelt.

Nicht oder nur unaufmerksam zuhören ist eine Beleidigung – und gerade intelligente Menschen hören häufig nicht zu. Sie spielen »Ich weiß mehr als du« und machen Punkte, indem sie sprechen. Aber jedes Mal, wenn sie diesen Kampf gewinnen, verlieren sie den Krieg.

Aus der Praxis

Einmal saß ich mit einem jungen japanischen Manager vor einem Monitor des hausinternen Fernsehsystems und beobachtete eine Gruppe europäischer Manager bei einer »Teamwork«-Übung. Nach wenigen Minuten redeten alle durcheinander, das heißt, sie schrien sich an und stritten.

Der Manager aus Japan sagte: »Ich dachte, das sind Freunde.«

»Ja«, antwortete ich, »das sind sie auch.«

»Aber sie streiten doch«, entgegnete er.

»Ich fürchte, so geht das oft bei uns im Westen.«

»Wollen Sie damit sagen, dass in den anderen Gruppen das Gleiche passiert?«

»Ich fürchte schon.«

»Kann ich einmal nachsehen?«

»Sicher.«

Nach einigen Minuten kam er mit großen Augen zurück: »Wir haben ein Sprichwort in Japan: Wer gehört werden will, muss erst zuhören.«

Welch gute Idee!

Denken Sie an Gespräche mit Ihrem Vorgesetzten, Ihren Kollegen, Ihrer Sekretärin, Ihren Kindern oder anderen Familienangehörigen, und versuchen Sie, die beiden folgenden Fragen zu beantworten:

- Wie viel Zeit und Mühe verwende ich darauf, mich anderen verständlich zu machen?
- Wie viel Zeit und Mühe verwende ich darauf, andere zu verstehen?

Üben Sie aktives Zuhören

Aktiv zuhören heißt, dass man sich nicht nur anhört, was der andere sagt, sondern ihn zum Sprechen ermuntert und dabei unterstützt. Dabei muss man:

- *zeigen,* dass man zuhört,
- sich so *anhören,* als ob man zuhört,
- regelmäßig beweisen, dass man das Gesagte *gehört* hat, und
- gegebenenfalls *mitteilen,* dass man versteht, wie es dem anderen geht.

Man kann zeigen, dass man zuhört, indem man sich leicht nach vorne neigt, die Augen weit offen hält und dem Sprecher die meiste Zeit direkt ins Gesicht sieht. Man kann sich so anhören, als ob man zuhört, indem man »Fortsetzungsgeräusche« macht, zum Beispiel »... ja ... ja ... ja ... wirklich? ... und dann? ...« Besonders wichtig sind solche Geräusche bei Telefongesprächen, bei denen ja visuelle Signale entfallen.

Man kann auch das Gehörte überprüfen und damit beweisen, dass man zugehört hat, indem man von Zeit zu Zeit zusammenfasst: »Wenn ich Sie richtig verstehe, haben Sie den Bericht nicht pünktlich fertig bekommen, weil Sie so oft unterbrochen wurden.«

Zum aktiven Zuhören gehört, dass Sie Ihre Gedanken und Ansichten erst einmal unterdrücken, der Versuchung widerstehen, den anderen zu unterbrechen, und sich stattdessen darauf konzentrieren, ihn zu verstehen. Akzeptieren Sie die Möglichkeit, dass es mehr als eine Sicht der Realität gibt, und erforschen Sie mit objektiven, offenen Fragen die Gedanken Ihres Gegenübers. Sie haben eine Ansicht, ich habe eine andere: Können wir uns unsere Ansichten gegenseitig vermitteln, dann lernt eventuell einer von uns beiden etwas – vielleicht Sie.

Die meisten Menschen reden gerne, und durch Zuhören erweist man ihnen Respekt. Man hilft ihnen auch, sich zu entspannen, wodurch sie klarer denken und sich exakter ausdrücken können. *Zuhören trägt nicht nur zum Aufbau von Beziehungen bei, sondern liefert auch viele nützliche Informationen, an die man durch Spre-*

chen nie kommen würde. Nutzen Sie also diese Möglichkeit, eine positive Grundstimmung für Ihre Gespräche zu schaffen!

Warum fällt uns das Zuhören so schwer?

Viele von uns haben in der Schule gelernt, dass wir immer stark sein und alles wissen sollten. Die Lehrer wussten auch immer alles – aber sie stellten selbst die Fragen, und zwar nur Fragen, deren Antworten sie schon kannten. Die Arbeitswelt sieht anders aus. Hier gibt es vieles, was wir nicht wissen, und wir sollten dies ohne Scham zugeben. Es ist sehr anstrengend, dauernd Recht zu haben und alles zu wissen, und vor allem hindert es uns in kolossaler Weise am Lernen. Viele Manager möchten alles im Griff haben, und das Sprechen gibt ihnen dieses Gefühl der Kontrolle. In einem wirklichen Zwiegespräch fühlen sie sich bedroht. Zahlreiche Manager leiden auch unter »vorzeitiger Evaluation«: Sie bewerten und beurteilen alles, was sie hören, und reagieren sofort darauf – gedanklich oder indem sie sofort mit ihrer Bewertung herausplatzen. Man kann nicht gleichzeitig nachdenken und zuhören, aber da wir viel schneller denken als sprechen, sind die Gedanken oft interessanter als das Gehörte, sodass wir nicht mehr zuhören.

Einige Tipps fürs Zuhören

Sollten Sie die Fertigkeit des Zuhörens bei sich verbessern wollen, dann bieten sich dafür zahllose Möglichkeiten. Sie können im geselligen privaten Rahmen genauso üben wie in Geschäftsbesprechungen. Hier ein paar einfache Richtlinien:

- Planen Sie jede Interaktion. Notieren Sie sich Ihre Fragen, sodass Sie nicht während des Gesprächs darüber nachdenken müssen.
- Nehmen Sie zu geschäftlichen Besprechungen einen Notizblock mit, auf dem Sie ablenkende Gedanken festhalten können, die Ihnen in den Sinn kommen: So verschaffen Sie sich eine klaren

Kopf zum Zuhören. (Vielleicht sind diese Notizen manchmal interessanter als die Punkte, die Sie zur Besprechung festhalten – noch ein Pluspunkt.)

- Konzentrieren Sie sich darauf, den anderen zu verstehen, ehe Sie urteilen. Besonders wichtig ist dies, wenn Sie dem Gesagten nicht zustimmen. Dazu müssen Sie Ihre Emotionen unterdrücken und die Ansichten und Logik des Gegenübers in den Mittelpunkt stellen, um mit Fragen nachzuhaken, die sehr viel enthüllen können: »Warum ist das passiert?«, »Sie scheinen sich darüber nicht so sicher zu sein«, »Und wann wird dies Ihrer Meinung nach sein?«.
- Sind Sie ein Vielredner, dann versuchen Sie nur das zu sagen, was den anderen helfen wird. Überlegen Sie, ob die anderen dies hören möchten und ob es jetzt gesagt werden muss. Notieren Sie sich Ihre Gedanken und geben Sie anderen die Chance, zuerst zu sprechen.
- Resümieren Sie, was Ihr Gesprächspartner gesagt hat, um zu kontrollieren, ob Sie ihn richtig verstanden haben – Sie werden ausnahmslos noch mehr erfahren. Beenden Sie die Besprechung, indem Sie den Standpunkt Ihres Gegenübers noch einmal zusammenfassen.
- Machen Sie sich klar, dass es beträchtliches Selbstvertrauen erfordert, offen für die Ideen anderer zu sein. Sind Sie dem gewachsen? (Dies trifft vor allem dann zu, wenn wir eher unangenehme Dinge hören oder persönliches Feedback erhalten.)

Wissen Sie, was effektive Kommunikation ist?

Wollen zwei Menschen miteinander kommunizieren, müssen Sie zunächst den Kontakt zwischen sich herstellen, um das Gespräch in Gang zu bringen und eine für beide Seiten angenehme Atmosphäre zu schaffen. Manche wärmen sich beim Small Talk über das Wetter, die Geschäfte oder das Fernsehprogramm vom Vorabend auf, andere kommen lieber schneller zur Sache.

Zur effektiven Kommunikation sollten Sie sich dem von Ihrem

Gegenüber bevorzugten Muster anpassen. Finden Sie heraus, wo es herkommt, und gehen Sie ihm entgegen. Haben zwei Menschen diesen Gleichklang zwischen sich gefunden, dann nähern sie ihr Verhalten in vielerlei Hinsicht einander an: Sie lehnen sich gleichzeitig vor oder zurück, schlagen die Beine übereinander, nehmen einen Schluck Kaffee usw.. Könnte man zuhören, würde man feststellen, dass beide im gleichen Tempo sprechen und ähnliche Sprachmuster und Bilder verwenden. So verhalten wir uns, wenn wir engen psychischen Kontakt aufgebaut haben, und geschickt kommunizierende Menschen haben gelernt, dies zu simulieren. Streben Sie an, mit Ihren Gesprächspartnern im Job eine solche Ebene zu entwickeln.

Besteht enger Kontakt, dann ist ein Gespräch wie ein Spiel, bei dem man sich gegenseitig den Ball zuwirft – ein kooperatives Spiel, bei dem sich beide Seiten das Reden teilen und sich wirklich dafür interessieren, was das Gegenüber zu sagen hat. Ohne diese Art von Kontakt ist es schwierig, irgendetwas zu vermitteln, was über die simpelsten Aussagen hinausgeht.

Haben wir eine Beziehung aufgebaut, sind im nächsten Gesprächsabschnitt häufig die Ansichten und Bedürfnisse des Gesprächspartners zu erkunden. Auch hier ist das Fragen entscheidend, aber die Motive dafür sind oft die falschen. Erkundige ich mich bei Managern danach, warum ihr Chef ihnen Fragen stellt, gehen die Antworten häufig in folgende Richtung:

- Um mich zu kontrollieren.
- Um mich bei etwas zu ertappen.
- Um mich unter Druck zu setzen.

Ohne ein ausreichend vertrautes Verhältnis kann das Fragen allzu leicht zum Verhör werden. Viel besser ist es, erst das Ziel der Diskussion festzulegen und dann das Gegenüber zum Sprechen zu ermuntern.

Da effektive Kommunikation so schwierig ist, sollte es Ihnen ein wichtiges Anliegen sein, herauszufinden, ob sie stattgefunden hat. *Eine der nützlichsten Kommunikationstechniken ist das Zusammenfassen.* Hat jemand ein Argument vorgetragen, dann fassen Sie es in Ihrer Erwiderung zusammen. In ähnlicher Weise können Sie Fragen einsetzen, um zu kontrollieren, ob man Sie verstanden hat; wenn nicht, dann sollten Sie nicht zu stolz sein, die Schuld bei sich selbst zu suchen. Feedback ist notwendig, gestaltet sich aber unangenehm, wenn es zeigt, dass wir nicht verstanden wurden.

Mit Fragen können Sie auch den Druck vermindern, der auf Ihnen lastet. Bei Verhandlungen notiere ich mir vorher immer einige Fragen, um den Kopf zum Zuhören frei zu haben. Soll ich plötzlich etwas sagen, kann ich auf meine Notizen blicken und eine Frage aussuchen. Es ist auch wichtig, sich bei Verhandlungen nicht frühzeitig auf bestimmte Positionen festzulegen. Die offene Aussage »Großraumbüros haben viele Vorteile« ist besser als »Es muss auf jeden Fall ein Großraumbüro sein«. Verhindern Sie auch, dass Ihr Gegenüber sich verschanzt. Besteht John auf einem eigenen Büro, könnten Sie erwidern: »Ich verstehe, dass Ihnen dies sehr wichtig ist, aber listen wir doch einmal die Vor- und Nachteile auf.« Stößt eine Ihrer Äußerungen auf scharfe Ablehnung, dann bitten Sie Ihren Gesprächspartner, noch einmal zusammenzufassen, was ihm daran nicht gefällt: Häufig handelt es sich um ein Missverständnis.

Überzeugende Gesprächsführung ist eine hoch entwickelte Form persönlicher Interaktion und viel komplexer als Referate oder Vorträge. Es gibt die Redensart »Telling is not Selling« (»Erzählen ist nicht Verkaufen«). Wenn das zutrifft, warum verwenden dann so viele Menschen so viel Zeit aufs *Erzählen?* Hauptsächlich, weil das monologische Sprechen und Erzählen erheblich einfacher und natürlicher ist als Fragen und Zuhören. Sprechen vermittelt die Illusion von Kontrolle und Dominanz: Wieder einmal ist das Einfache und Angenehme verlockender als das Effektive. Setzen Sie es sich zum Ziel, die Grundsätze effektiver Kommunikation beständig einzusetzen – Sie werden davon profitieren!

Gute Gespräche sollten folgender Grundstruktur folgen:

- Kontakt herstellen
- Ansichten und Bedürfnisse des Gegenübers ermitteln
- Die eigene Position erläutern
- Alle Möglichkeiten untersuchen

- Verhandeln
- Einigung erzielen

Kennen Sie die Bedeutung nonverbaler Kommunikation?

Die meisten Mitteilungen erhalten wir nonverbal.

Man kann sehr viel über Menschen erfahren, indem man sie beobachtet, ohne ihre Worte zu hören. *Gesten, Mimik, Körperbewegungen und Blicke offenbaren Charakter und Motive.* Andere empfangen diese nonverbalen Signale, viele auch von Ihnen. Sind die Mitteilungen, die Sie aussenden, dafür geeignet, dass andere sie empfangen und interpretieren können (und sollen)?

Nonverbale Signale sind ein wichtiger Bestandteil zwischenmenschlicher Kommunikation. Das gilt vor allem in so wichtigen Gesprächssituationen wie Vorstellungsgesprächen und Verkaufsaktionen.

Es ist extrem schwierig, nonverbale Signale bewusst zu steuern. Am besten erzielen wir Übereinstimmung zwischen verbaler und nonverbaler Mitteilung, wenn wir an das glauben, was wir sagen, und es für uns Bedeutung hat. Achten Sie auf eine offene Körperhaltung, suchen Sie häufigen Blickkontakt und schauen Sie nicht so streng – lächeln Sie!

Sie können die starke Wirkung nonverbaler Signale mit einem kleinen Experiment prüfen: Setzen Sie ein ernstes Gesicht auf und sehen Sie sich im Spiegel an; beginnen Sie dann ganz langsam zu lächeln, und beobachten Sie, welche Wirkung dies auf Sie hat.

Wenn Sie sich mit den Details nonverbaler Kommunikation vertraut machen – beispielsweise mit den Zeichen der Körpersprache –, werden Sie auf die Aspekte stoßen, die leicht zu verändern oder anders einzusetzen sind. Nutzen Sie diese Möglichkeiten, arbeiten Sie an sich!

In diesem Kapitel haben wir reichlich neue Zeitfresser für unsere Liste gesammelt:

Zeitfresser

- Schlechtes Zeitgefühl
- Unfähigkeit, nein zu sagen
- Überlange Berichte
- Langweilige Referate
- Geschwätzigkeit
- Mit einfachen Fragen zögern
- Wissen vorspiegeln
- Nicht zuhören
- Vorzeitige Evaluation
- Widerstand gegen Feedback
- Schwächen beim Aufbau des Gesprächskontakts

Tipps für Ihren Erfolg:

Drücken Sie sich stets klar und verständlich aus.
Vergewissern Sie sich, dass Sie Ihr Gegenüber richtig verstanden haben.
Feilen Sie an Ihrer Vortragstechnik.
Nehmen Sie Ihren Gesprächspartner durch aktives Zuhören ernst.
Schaffen Sie eine angenehme Gesprächsatmosphäre.
Entwickeln Sie eine gute Fragetechnik.

15.
Die Kunst des Delegierens

Leitfragen

Welchen Anteil hat das Delegieren an Ihrer Arbeitszeit?
Kennen Sie die Vorteile des effektiven Delegierens?
Welche Hebelwirkung wird durch Delegieren erzielt?
Warum wird das Delegieren vermieden?
Wie delegieren Sie sinnvoll? Das Beispiel Sekretariat

Welchen Anteil hat das Delegieren an Ihrer Arbeitszeit?

Da sich dieses Buch in erster Linie an Manager richtet, wird es höchste Zeit, dass ich den Terminus Management definiere: *Management heißt, Arbeiten durch andere ausführen zu lassen.* Dies ist zwar eine grobe Verallgemeinerung, dürfte aber von den meisten als grundlegende Definition akzeptiert werden.

Bedeutet Management also, dass man Arbeiten durch andere ausführen lässt, dann ist es das Gegenteil von Management, wenn man Arbeiten ausschließlich selbst ausführt. Damit sind wir beim Akt des *Delegierens*. Das einfache Diagramm unten zeigt, was im Laufe Ihrer Karriere als Manager geschieht.

Beim Einstieg ins Berufsleben waren Sie vermutlich in irgendeiner Stellung in vorderster Linie 40 oder mehr Stunden in der Woche damit beschäftigt, Arbeiten selbst auszuführen. Je nachdem, wo Sie sich jetzt gerade befinden, sollte der prozentuale Anteil dieser Tätigkeiten auf jeden Fall geschrumpft sein.

Auf der untersten Leitungsebene machten solche Tätigkeiten immer noch einen großen Teil Ihrer Arbeitswoche aus, aber ein kleiner Teil entfiel bereits auf Management-Aufgaben. Je weiter man die Management-Hierarchie hinaufsteigt, desto größer wird der Anteil der Management-Aufgaben und desto geringer der Zeitanteil, in dem man tatsächlich selbst Hand anlegt.

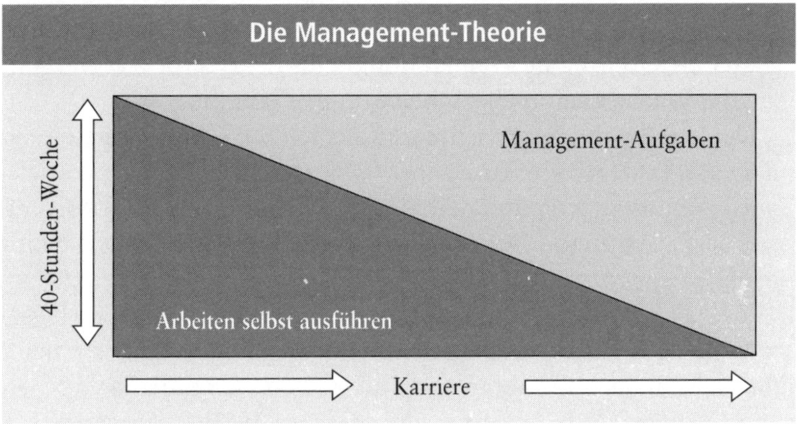

Das ist die Theorie. Leider wird sie nur selten in die Praxis umgesetzt. Meistens tritt folgende Entwicklung ein:

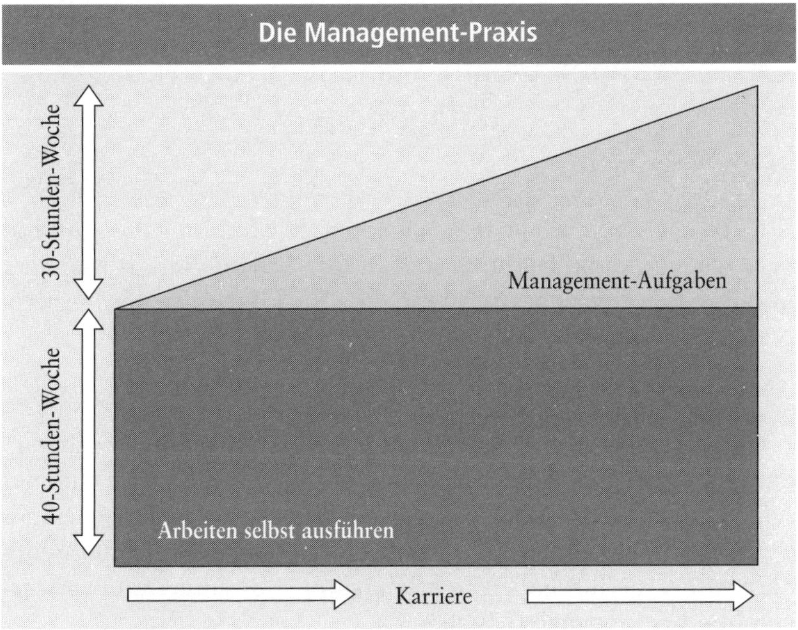

Viele Manager sind 40 Stunden damit beschäftigt, selbst Arbeiten auszuführen. Die für Management-Aufgaben (=Delegieren) benötigte Zeit müssen sie anhängen, sodass die Arbeitswoche länger und länger wird. Irgendwo bei 65 oder 70 Wochenstunden stoßen sie an eine Grenze. Sie können nun nicht mehr befördert werden, weil die Woche nicht mehr Arbeitsstunden hergibt.

Denken Sie an das Prinzip, auf das ich Sie schon hingewiesen habe: »Es besteht kein Zusammenhang zwischen der Last betrieblicher Verantwortung und der zur Erfüllung dieser Verantwortung erforderlichen Zeit«. Der Schlüssel zur Effektivität ist und bleibt die *Hebelwirkung*.

Delegieren ist eine der wichtigsten Möglichkeiten, sich Hebelwirkung zu verschaffen. Dieser Bereich birgt viele Chancen, doch lauern darin auch Gefahren und Fallen. Manager auf allen Ebenen gehen häufig falsch damit um. Analysieren Sie Ihre derzeitige Lage, und wenn diese der beschriebenen Entwicklung entspricht, lesen Sie weiter!

Kennen Sie die Vorteile effektiven Delegierens?

- **Zeitfaktor:**

Effektives Delegieren lässt Ihnen mehr Zeit für Aufgaben mit hoher Hebelwirkung. Dadurch steigen Ihre Effektivität als Manager und ihre Beförderungsaussichten, und Sie können zu vernünftigerer Zeit heimgehen.

- **Ebenenfaktor:**

Effektives Delegieren bedeutet, dass viele Entscheidungen näher an der Basis getroffen werden. Solche Entscheidungen werden immer schneller getroffen – und sind meist auch besser – als Entscheidungen, die im Büro eines Managers getroffen werden (auch in Ihrem). Sie erhöhen dadurch die Effektivität Ihrer Abteilung und verstärken Ihre Beförderungsaussichten.

- **Motivationsfaktor:**
Erweiterte Befugnisse werden Ihren Mitarbeitern gut tun: Sie wachsen und entwickeln sich als Individuen und werden dadurch stärker motiviert, arbeiten engagierter und qualifizierter. Dies trägt nicht nur zum Erfolg Ihrer Abteilung bei, sondern gibt Ihnen das wohlige Gefühl innerer Zufriedenheit, das aus dem Bewusstsein entsteht, Ihren Mitmenschen geholfen zu haben.

Welche Hebelwirkung wird durch Delegieren erzielt?

Delegieren ist keine Sache, bei der es nur »ja« oder »nein« gibt, ähnlich einem Ein/Aus-Schalter. Die möglichen Beziehungen zwischen Managern und ihren Mitarbeitern bilden vielmehr eine Skala: Auf der untersten Ebene befindet sich das autokratische und ineffektive Verhältnis, das mitarbeitermotivierte und effektive steht an der Spitze. Dies wird durch die Abbildung auf Seite 142 illustriert.

Auf dieser »Treppe des Delegierens« beginnt das wörtlich genommene »Management« in der Mitte. Auf den darunter liegenden Stufen kann man nicht davon sprechen. Dort ist man als »Führungsperson« bestenfalls ein Aufseher, der Aufgaben verteilt, schlimmstenfalls ein Diktator, der die Leute herumkommandiert.

Aber Management bedeutet mehr als das. Wollen Sie eine gute Führungspersönlichkeit sein, dann erziehen Sie Ihre Leute dazu, stets mit *Lösungsvorschlägen* zu Ihnen zu kommen, nicht mit Problemen. An dieser Stelle geht die Hebelwirkung los. Dies bedeutet nämlich, dass Ihre Mitarbeiter sich Gedanken machen, ehe sie zu Ihnen kommen. Dabei finden sie häufig selbst Lösungen und müssen Sie nicht mehr behelligen. Und selbst wenn sie Ihren Rat benötigen, dann gestalten Sie die Besprechung eher als Coaching.

Das Delegieren beginnt über dieser Stufe. *Sie haben erst delegiert, wenn Sie anderen die Autorität gegeben haben, ohne vorherige Rücksprache mit Ihnen zu handeln.* Beginnen Sie bei neuen Mitarbeitern mit der Aussage »Bereiten Sie das vor, ich werde es

Die Treppe des Delegierens

Teamführer

Mentoren, erleichtern anderen die Arbeit, spornen sie an, schweißen ein Team zusammen.
Visionäre, vermitteln Zielbewusstsein.
Interesse an Menschen.
Wecken Engagement.
Verdienen sich Vertrauen.
Erzeugen Energie.

Bringen Sie mir Ihre Ergebnisse.

Machen Sie es auf Ihre Weise.

Ich bin hier, wenn Sie mich brauchen.

Sie bestimmen.

Das liegt in Ihrer Verantwortung.

Welche Unterstützung benötigen Sie?

Denken wir darüber nach.

Sie haben mein Vertrauen.

Manager

Verwalter, kontrollieren und prüfen nach.

Bringen Sie mir Ihre Lösungsvorschläge.

Bereiten Sie das vor, ich werde es prüfen.

Ich habe ein gewisses Vertrauen zu Ihnen.

Ich werde Sie beobachten.

Ich bestimme.

Dafür sind wir gemeinsam verantwortlich.

Ich sage Ihnen, was Sie brauchen.

Ich denke so darüber.

Ich vertraue Ihnen nicht recht.

Diktatoren

Bringen Sie mir eine Tasse Tee.

Machen Sie es so wie ich.

Ich habe kein Vertrauen in Sie.

Schneller! Schneller!

Ich klage Sie an.

Widersprechen Sie nicht!

Sie sind gefeuert!

Sie werden nicht fürs Denken bezahlt, sondern fürs Arbeiten.

Ich traue Ihnen nicht.

prüfen«, und lassen Sie sie höher klettern, sobald Sie beide ein gutes Gefühl dabei haben. Bei neuen Zuständigkeiten für Mitarbeiter, die schon länger zum Team gehören, fangen Sie ebenfalls in der Mitte an, um dann wiederum auf der Treppe höher zu steigen, sobald Sie beide ein gutes Gefühl dabei haben; im Falle risikoarmer Routineaufgaben können Sie dabei zu gegebener Zeit bis auf die oberste Stufe gehen.

Sinken Sie nie unter die Stufe »Management« ab, es sei denn, das Haus steht in Flammen. Bei einer offenen Krise können sich die Regeln ändern, doch sobald die Krise vorüber ist, sollten Sie sich fragen: »Wie kann ich verhindern, dass es noch einmal zu solch einer Krise kommt?«

Delegieren ist entscheidend für den Gewinn von Hebelwirkung. Deshalb wird es immer wichtiger, je höher man in einer Organisation hinaufklettert. Doch da das Delegieren fest mit dem Management-Konzept verwoben ist, treffen diese Prinzipien überall in einer Organisation zu. Ohne Delegieren wird jeder Manager-Job zur Strapaze. Schafft es eine Managerin nicht, an ihre Mitarbeiter zu delegieren, passiert folgendes:

- Die Mitarbeiter verfügen weder über die Befugnisse noch über die Informationen, um eigene Entscheidungen zu treffen.
- Es fehlt ihnen auch das Selbstvertrauen dafür.
- Sie fürchten sich vor Kritik.

Und welche Konsequenzen hat das?

Aus der Praxis

Um jegliches Risiko auszuschalten, delegieren die Mitarbeiter beim geringsten Anlass die Aufgaben zurück an die Managerin, die dann versucht, die Sache selbst zu erledigen. So kreuzen ständig Leute mit kleineren Problemen bei ihr auf. Die Managerin ist meist so beschäftigt, dass sie nur sagt: »Überlassen Sie das mir.« Nach einer Weile hat sie keine Zeit mehr, und ihren Mitarbeitern geht die Arbeit aus. Jetzt bleibt ihnen nichts anderes übrig, als ihre eigene Vorgesetzte zu überwachen. Sie tauchen hin und wieder bei ihr im Büro auf, um nachzufragen: »Ist mit diesen Terminen schon etwas vorangegangen?«, »Haben Sie den Kunden schon erreicht?« etc. Die reine Farce! Ich hoffe, Ihre Leute müssen Ihnen niemals so etwas antun.

In extremen Fällen wissen Manager, dass sie ihre Leute aufhalten, schämen sich dafür und verstecken sich vor ihnen. Dies ist eine natürliche menschliche Reaktion. Haben Sie mir gestern 50 Euro geliehen, und sehe ich Sie heute Morgen von weitem und immer noch ohne einen Cent in der Tasche, was würde ich dann tun? Womöglich hätte ich Schuldgefühle und würde versuchen, Ihnen aus dem Weg zu gehen. Fangen Vorgesetzte an, ihren Mitarbeitern aus dem Weg zu gehen, ist mit der Beziehung etwas nicht in Ordnung. Einen Betrieb kann man so nicht leiten, und die logischen Hierarchien geraten durcheinander.

Drehen Sie den Spieß um. Dazu müssen Sie erkennen, dass Sie mehr Autorität gewinnen, wenn Sie anfangen, Autorität abzugeben. Erlernen Sie die Kunst des Delegierens und werden Sie ein wahrer Manager. Verbringen Sie Zeit mit Ihren Mitarbeitern – sehr viel Zeit, aber nur mit

- Anleitung
- Beratung
- Motivation
- der Vereinbarung von Zielen.

All dies sind Tätigkeiten mit hoher Hebelwirkung. Erledigen Sie nicht die Arbeit Ihrer Mitarbeiter, das hat kaum Hebelwirkung und schafft ganz klar ein Autoritätsproblem.

Delegieren heißt andererseits nicht, dass man alle unangenehmen Arbeiten auf andere abwälzt, abdankt oder sich davonmacht und die anderen ignoriert. Die Beziehung muss sich ständig weiterentwickeln.

Aber wenn das Delegieren solche gewaltigen Vorteile birgt und so einfach zu handhaben ist, warum macht es dann so oft trotzdem Schwierigkeiten? Der Grund ist wieder einmal darin zu suchen, dass auf dem Weg zum effektiven Delegieren die verschiedensten Versuchungen und Fallen lauern. Einige habe ich erkannt, doch es gibt ohne Zweifel weitere. Hier die wichtigsten:

Warum wird das Delegieren vermieden?

Die Liste der beliebtesten Ausreden bei mangelhaftem Delegieren:

- Delegieren ist riskant.
- Meine Leute sind Trottel.
- Es macht mehr Spaß, die Arbeit selbst zu machen.
- Ich kann es besser.
- Ich bin Experte.
- Es geht schneller, wenn ich es selber mache.
- Ich mache diese Arbeit gerne.
- Ich helfe den Leuten.
- Meine Leute sind überlastet.

Die folgenden beiden Punkte werden nie vorgebracht:

- Angeberei.
- Unsicherheit.

Delegieren ist riskant

Frage ich Manager, warum sie ungern delegieren, hat die erste Antwort meist etwas mit den Risiken zu tun: »Die könnten die Sache vermasseln«, »Es ist sicherer, wenn ich's selber mache« etc. Natürlich birgt das Delegieren immer ein gewisses Risiko. Sie können einem Mitarbeiter die Verantwortung für eine Sache übertragen, sodass er Ihnen gegenüber für die erfolgreiche Erfüllung des Auftrags rechenschaftspflichtig ist, aber Sie können nicht Ihre eigene Verantwortung delegieren. Sie bleiben für die Leistung Ihres Teams verantwortlich, und macht das Team einen Fehler, müssen Sie die Schuld dafür auf sich nehmen und wiederum Ihrem Chef »beichten«.

Dies sollte jedoch nicht als *Entschuldigung* dafür vorgeschoben werden, dass man gar nichts delegiert. Man muss vielmehr sinnvolle Schritte ergreifen, um das Risiko zu *beschränken.* Betrachten Sie noch einmal die »Treppe des Delegierens«. Auf der höchsten Stufe ist das Risiko am größten (»Machen Sie es auf Ihre Weise«): Diese Haltung eignet sich nur für risikoarme Aspekte der Arbeit und bewährte Mitarbeiter, die Ihr Vertrauen genießen. Auf der mittleren Stufe besteht dagegen keinerlei Risiko (»Bereiten Sie das vor, ich werde es prüfen«). *Risiken allein gelten nicht als Entschuldigung für unzureichendes Delegieren.*

Meine Leute sind Trottel

Manche unter uns setzen sehr wenig Vertrauen in ihre Mitmenschen. Sie müssen immer alles unter Kontrolle haben, ein geradezu neurotisches Bedürfnis. Es paßt ihnen nicht einmal, in einem Wagen als Beifahrer mitzufahren. Solche Menschen werden häufig zu kleinen Tyrannen oder Diktatoren – am Arbeitsplatz und manchmal auch zu Hause. Sie sind Perfektionisten, die darauf bestehen, dass alles genau so gemacht wird, wie sie es wünschen. Versuchen sie wirklich einmal, etwas zu delegieren, endet dies damit, dass sie den Leuten über die Schulter sehen, sich aufregen und nur kritisieren. Verhalten sie sich lange genug nach diesem Muster, werfen die intelligenteren Leute ihren Job hin, und wer bleibt, verlernt es, Verantwortung zu übernehmen. Da die Mitarbeiter das Gefühl haben, nicht beteiligt zu sein und nichts beeinflussen zu können, werden sie apathisch und bestätigen damit das, was der Manager von vornherein von ihnen dachte. Ein Teufelskreis.

Wenn Sie delegieren, werden Arbeiten nicht genau in Ihrem Stil ausgeführt. Sie müssen lernen, solche Abweichungen zu tolerieren, denn den Luxus, sich mit den Details zu befassen, können Sie sich rein zeitlich gar nicht leisten. Man sagt, dass es keine schlechten Soldaten gibt, sondern nur schlechte Generäle. *Wer anderen kein Vertrauen schenkt, erwartet das Schlechteste von ihnen und sorgt durch sein kontrollierendes Verhalten selbst dafür, dass es eintrifft.*

Es macht mehr Spaß, die Arbeit selbst zu erledigen

Führt man eine Aufgabe selbst aus, dann ist dies interessant und lohnend, weil man sofort Ergebnisse sieht. Lässt man Arbeiten ausführen, ist man weiter von der »Action« entfernt. Dies ist ein weiteres Beispiel für die Fallen, die wir als »Feuerlöschen macht Spaß« und »Sofortige Belohnung« bezeichnet haben. Hat die Tätigkeit des Managers hohe Hebelwirkung, dann wird sie sich langfristig auszahlen. Man muss lernen, auf diese späte Belohnung zu warten.

Ich kann es besser

Manager, die innerhalb einer Funktion befördert werden, sind in ihrem vorherigen Job nach jahrelanger Erfahrung häufig besser als ihre Nachfolger. Es liegt auch nahe, dass sie ihren alten Job besser ausführen als ihren neuen. Kommen sie jedoch von ihrer alten Tätigkeit nicht los, dann verpatzen sie zwei Jobs auf einmal: ihren neuen und den ihres Nachfolgers. Hüten Sie sich vor diesem Fall, wenn Sie aufsteigen, und wenden Sie sich voll und ganz Ihrer neuen Aufgabe zu.

Ich bin Experte

Wer in den Anfangsjahren seiner Karriere als technischer Experte tätig war, dem erscheinen Management-Aufgaben (Delegieren) häufig als lästige Nebenerscheinungen, die bei der eigentlichen Arbeit stören. Mit der Zunahme von Management-Aufgaben können solche Leute schließlich vor eine schwierige Entscheidung gestellt werden: Sollen sie weiterhin die großen Experten bleiben und die Managerrolle anderen überlassen, oder sollen sie professionelle Manager werden, was wahrscheinlich eine gesonderte Ausbildung und die Erkenntnis erfordert, dass andere die Expertenrolle übernehmen werden.

In vielen Fällen wäre es richtig, wenn diese Leute sich dafür entschieden, technische Experten zu bleiben, vor allem, wenn technisches Fachwissen von entscheidender Bedeutung ist (wie in Wissenschaft und Forschung) oder der betreffende Mitarbeiter wahrscheinlich sowieso kein effektiver Manager würde. Manch eine Verkaufsabteilung wurde doppelt geschädigt, indem man den besten Verkäufer zu einem schlechten Verkaufsmanager machte. Unter solchen Umständen sollten Unternehmen eine parallele Beförderungsleiter entwickeln, damit diejenigen, die lieber technische Experten bleiben, den vollen Lohn für ihren Beitrag erhalten, ohne in Managerrollen gezwungen zu werden, für die sie vielleicht nicht gut geeignet sind.

Es geht schneller, wenn ich es selber mache

Aus der Praxis

Wenn ich in zehn Minuten eine Aufgabe schaffe, für die Peter zwei Stunden braucht, soll ich sie ihm dann abnehmen? Nein. Versuchen Sie es auf folgende Weise. Setzen Sie sich mit Peter zusammen und sagen Sie: »Ich möchte dies zu einem Teil Ihres Jobs machen. Sie sollen die Verantwortung für diesen Aspekt unseres Betriebs übernehmen. Mir ist klar, dass dies am Anfang schwierig sein wird, weil ich es bisher selbst gemacht habe. Aber nehmen Sie die Sache mit, überlegen Sie sich, was Sie damit anstellen würden, und kommen Sie morgen um elf wieder zu mir, damit wir es besprechen können. Das machen wir bis zum Ende des Monats, und bis dahin sind Sie bestimmt so sicher, dass Sie die Sache bearbeiten können, ohne mich vorher um Rat zu fragen. Gefällt Ihnen dieser Vorschlag?« Ich glaube, Peter würde sich darüber freuen.

Steht Ihr Vorgesetzter oder der Kunde in der Tür und verlangt, dass SOFORT etwas geschieht, dann müssen Sie die Sache vielleicht selbst übernehmen. Aber dies hört sich nach einer Panik erster Klasse an, und sobald diese ausgestanden ist, sollten Sie sich fragen, wie Sie so etwas in Zukunft vermeiden können ... und da sitzen Sie schon wieder und instruieren Peter.

Ich mache diese Arbeit gerne

Manchmal delegieren Vorgesetzte Arbeiten nicht, weil sie ihnen selbst so gut gefallen. Leute dieses Typs neigen dazu, nur langweilige und lästige Aufgaben abzugeben, was sich unübersehbar auf die Arbeitszufriedenheit ihrer Mitarbeiter auswirkt. Diese Haltung hat mit wohlverstandenem Delegieren natürlich nichts zu tun.

Ich helfe den Leuten

Diese Begründung weist auf den Wunsch hin, gemocht zu werden, und auf die Überzeugung, dass man gemocht wird, wenn man nett und hilfsbereit ist. Leider kann »Hilfe« manchmal ersticken: Unter Umständen nimmt man anderen damit die Möglichkeit, zu lernen und sich zu entfalten – mit den besten Absichten, aber fast so gründlich wie ein unsicherer Manager. In extremen Fällen macht ein Mitarbeiter bei einem Projekt die ganze schwere Arbeit, besorgt sämtliche Informationen, ackert sich durch die Papiere, und gerade als es allmählich interessant wird, kommt der Chef vorbei und »hilft« ihm, indem er die Sache mitnimmt.

Fragt man Manager nach einer Definition des idealen Chefs, dann beschreiben sie meist einen harten, aber gerechten Menschen, der vor allem gut delegieren kann und seine Mitarbeiter nicht vor Verantwortung abschirmt.

Die Absicht, anderen zu helfen, ist ehrenwert, doch vieles, was unter dem Deckmantel der »Hilfe« getan wird, dient eigentlich dazu, das Ego eines schwachen Vorgesetzten zu stärken, und beraubt andere der Möglichkeit, sich zu entfalten. Und dieses Verhalten zeichnet nicht gerade eine gute Führungspersönlichkeit aus.

Meine Leute sind überlastet

Gegen dieses Argument ist zunächst nichts einzuwenden. Man kann jedem nur eine begrenzte Arbeitsmenge übertragen. Gehen Ihre Leute unter der Last der auf sie delegierten Verantwortung in die Knie, während Sie am freigeräumten Schreibtisch sitzen und überlegen, was Sie jetzt noch tun könnten, dann sollten Sie vielleicht die Aufgabenverteilung überdenken.

Aber ist dies wirklich der Fall? Oder könnte es sein, dass die überlasteten Mitarbeiter selbst gewisse Schwierigkeiten mit dem Zeitmanagement haben? Fragen wir Sie doch einfach:

»Wodurch geht Ihnen bei der Arbeit Zeit verloren?«

»Was hindert Sie daran, effektiver zu sein?«

Unter der Annahme, dass die meisten Mitarbeiter mit mehr

oder weniger ähnlichen Problemen konfrontiert sind, dürften die Antworten folgenden Tenor haben:

- Unterbrechungen
- Besprechungen
- Telefon
- Krisen und Panik
- Der Chef

Der Chef? Wer ist das? Das müssen doch Sie sein!

Unterbrechen Sie denn Ihre Leute etwa?

Gehen von Ihnen Krisen und Panik aus?

Schieben Sie Ihren Mitarbeitern unangenehme Aufgaben zu?

In Ihrer Position können Sie natürlich keine ehrlichen und ausgewogenen Antworten auf diese Fragen geben. Dies können nur Ihre Leute. Denken Sie daran, dass gute Leute nur bei Vorgesetzten bleiben, die gut mit ihnen umgehen. Fordern Sie also eine ehrliche Antwort ein – auch wenn's wehtut! Und fragen Sie sich selbstkritisch:

Fragebogen

Lassen Sie zu, dass sich Ihre Mitarbeiter die Zeit selbst sinnvoll einteilen können? ....

Respektieren Sie ihre Prioriäten und achten Sie darauf, sie nicht zu unterbrechen? ....

Tragen Sie eher zum Druck bei, der auf ihnen lastet? ....

....

Liefert die Art und Weise, in der sie mit Ihrer Zeit umgehen, ein gutes Rollenmodell? ....

Was tragen Sie bei, um Ihren Mitarbeitern das Gefühl zu geben, die Kontrolle über ihre Tätigkeit zu haben? ....

....

Die Arbeitsmenge, die jeder bewältigen kann, ist begrenzt. »Überlastung« akzeptiere ich jedoch erst als zulässigen Grund dafür, auf lange Sicht nicht zu delegieren, wenn Sie sich vergewissert haben, dass Sie Ihren Leuten in jeder Ihnen möglichen Weise Hilfe zur Selbsthilfe gegeben haben. Und selbst in diesem Fall gibt es meist noch weitere Kollegen, die höchst erfreut zusätzliche Verantwortung übernehmen, wenn man sie nur richtig fragt.

Angeberei

Angeberei kann man bei sich selbst kaum erkennen, und ich nehme deshalb an, dass dieser Punkt auf die Leser dieses Buchs nicht zutrifft. Aber vielleicht haben Sie schon Manager kennen gelernt, die ihre ansehnlichen Fähigkeiten gerne vor ihren Leuten zur Schau stellen und herumstolzieren wie ein Manager-Pfau.

Menschen dieses Typs haben ein ureigenes Interesse daran, den Unterschied zwischen ihren Fähigkeiten und denen ihrer Mitarbeiter strikt aufrechtzuerhalten, und sie stecken auch gerne allein das Verdienst für alle Erfolge ein. Sie sind keinesfalls ein gutes Beispiel für eine echte Führungspersönlichkeit.

Unsicherheit

Andere Manager (auch sie sind nicht unter den Lesern) enthalten Mitarbeitern aus Unsicherheit entscheidende Informationen vor, um sich unentbehrlich zu machen. Als bedauerliche Nebenwirkung dieses Verhaltens können sie nie länger als eine Woche Urlaub nehmen.

Menschen dieses Typs fürchten auch, ihre Mitarbeiter könnten sie übertreffen und ihren Job übernehmen. Sie haben folglich besonderes Interesse daran, dass ihre Leute sich nicht weiterentwickeln.

Meinen Sie, ohne eigenes Verschulden wirklich unentbehrlich zu sein, dann fragen Sie doch Ihre Leute, für welche Teile Ihres Jobs sie gerne Verantwortung übernehmen würden. Vielleicht erleben Sie ja eine Überraschung.

Entwickelt sich ein Mitarbeiter unter Ihrer leitenden Hand so gut, dass er Sie überholt, dann ist dies nach meiner Definition ein Erfolg. Schaffen Sie dies regelmäßig, dann gebührt Ihnen die Anerkennung als das wichtigste Mitglied des Teams. Sie sind der Manager, der andere weiterbringt und ihnen hilft, zu wachsen und sich zu entfalten. Machen Sie sich also klar, dass diese Fähigkeit Ihr Selbstbewusstsein stärkt, statt es zu schwächen.

Wie delegieren Sie sinnvoll? Das Beispiel Sekretariat

Am Anfang dieses Kapitels über das Delegieren habe ich »Arbeiten durch andere ausführen lassen« als Definition von Management vorgeschlagen. Zu den Wichtigsten unter diesen »anderen« zählt Ihre Sekretärin, sie hat eine zentrale Funktion. Deswegen möchte ich an diesem Beispiel demonstrieren, was unter sinnvollem Delegieren zu verstehen ist.

Hochrangige Führungskräfte erhalten meist mehr Unterstützung durch Sekretärinnen als Manager auf den Ebenen weiter unten – nicht weil sie ständig bedient werden müssen oder mehr Briefe diktieren, sondern weil sie gelernt haben, richtig zu delegieren und ihre Leute deshalb optimal einsetzen. *Eine gute Sekretärin ist für einen effektiven Manager absolut unerlässlich.*

Manche Manager behaupten zwar stolz, von ihrer Sekretärin *organisiert zu werden,* doch ist dies eine sehr beschränkte und defätistische Auffassung von Management, die eher auf ein geringes Selbstbewusstsein des Chefs schließen lässt. Eine Sekretärin kann nur effektiv sein, wenn sie für einen gut organisierten Manager arbeitet. *Sind Sie selbst gut organisiert und effektiv, dann kann eine Sekretärin eine Hilfe von unschätzbarem Wert sein.*

Es ist sehr wichtig, dass man Mitglieder seines Teams nicht als Müllhalde für undankbare Aufgaben verwendet. Man sollte ihnen gegenüber auch kein mangelndes Vertrauen zeigen und sie nicht unterbrechen. Insbesondere sollte man seine Sekretärin nicht als persönliche Dienerin behandeln, indem man sie bittet (ihr befiehlt?), Theaterkarten oder den Squash-Court zu reservieren, Botengänge zu verrichten oder die Kinder zur Schule zu fahren etc. Mit jeder Anweisung nach dem Muster »Machen Sie das so« untergräbt man ihr Selbstvertrauen, mit jeder Unterbrechung und zusätzlichen kleinen Arbeit sagt man: »Ihre Prioritäten und Zeitpläne sind unwichtig.« Wie würde es Ihnen gefallen, wenn Ihr Chef mit Ihnen so umspränge? Lassen Sie Unterbrechungen durch andere zu, während Sie sich mit Ihrer Sekretärin besprechen, oder versäumen Sie es, sie Ihren Gästen vorzustellen, dann verstärken Sie etwaige Minderwertigkeitsgefühle. Wollen Sie das Selbstvertrauen eines derart wichtigen Teammitglieds wirklich in solchem Maße herabsetzen?

Eines unserer Probleme liegt vielleicht in der Sprache begründet. Ich habe in diesem Kapitel bewusst den Ausdruck »untergeordnet« vermieden, weil darin hierarchische und elitäre Untertöne mitschwingen – er suggeriert Unterwürfigkeit und Abhängigkeit, die Zugehörigkeit zu »niederem Rang«, und ist emotional absolut negativ belastet. Sie würden nicht gerne in diese Kategorie gestellt, muten Sie es also auch anderen nicht zu. In einem modernen Unternehmen ist der Beitrag jedes Einzelnen entscheidend für den Erfolg des Teams, und wir sollten den entsprechenden Wortschatz dafür entwickeln. Beim Wort »Sekretärin«, so wie es sich eingebürgert hat, denken wir an eine »Angestellte, die die Korrespondenz abwickelt«, was es uns eher erschwert, größeres Potenzial zu erkennen. Lernen Manager langsam, die Computer auf ihren Schreibtischen selbstständig zu bedienen, dann werden die herkömmlichen Sekretariatsaufgaben an Bedeutung verlieren. Vielleicht sollte man an eine neue Berufsbezeichnung denken, zum Beispiel »Büromanagerin«, damit die sich wandelnde Rolle der Sekretärin leichter ersichtlich ist.

Der tatsächliche Unterschied zwischen Schreibkraft und Büromanagerin besteht jedoch im Grad der Handlungsfreiheit. Setzen Sie sich mit Ihrer Büromanagerin zusammen und besprechen Sie, welche Kompetenzen sie haben soll und wofür Sie persönlich zuständig sein sollten. Eine Büromanagerin könnte unter anderem für Folgendes zuständig sein:

- Entwicklung und Führung des Ablagesystems
- Aussieben aller Anrufe, indem sie das Anliegen der Anrufer erfragt und in Ihrer Abwesenheit geeignete Gesprächstermine vereinbart

- Vorsortieren der Post
- Beantwortung bestimmter Korrespondenz
- Organisation Ihrer Termine
- Recherchen
- praktisch alles andere

Die genauen Kompetenzen hängen von der Art Ihrer Tätigkeit und von Ihnen beiden ab. Wichtig ist jedoch, dass Sie den Grundprinzipien des Delegierens folgen:

- Delegieren Sie *Ziele,* nicht *Aufgaben.*
- Vereinbaren Sie Anforderungen und Prozedere der Berichterstattung.
- Geben Sie Ihren Mitarbeitern die zur Erfüllung ihrer Aufgaben notwendigen Informationen. Halten Sie also Ihre Büromanagerin immer über Ihre Pläne auf dem Laufenden, damit sie allen, die mit Ihnen Kontakt aufnehmen wollen, vernünftig weiterhelfen kann.
- Nehmen Sie sich Zeit für Ihre Leute. Mit Ihrer Büromanagerin müssen Sie sich häufig und zu vorher festgelegter Zeit besprechen, vielleicht jeweils eine halbe Stunde zu Beginn jedes Arbeitstags im Büro oder in Form eines vorher vereinbarten Telefongesprächs, wenn Sie unterwegs sind.
- Nutzen Sie einen Teil dieser Zeit für die Schulung, Beratung und Motivation Ihrer Leute und vor allem für die Steigerung ihres Selbstvertrauens. Dabei sollten Sie gelegentlich die Beziehung zu Ihren Mitarbeitern erörtern und sie fragen, wie Sie ihre Tätigkeit interessanter gestalten und ihnen zu höherer Effektivität verhelfen können.
- Stellen Sie sicher, dass andere Angehörige Ihres Unternehmens wissen, wie wichtig jedes einzelne Mitglied Ihres Teams ist, insbesondere Ihre Büromanagerin.
- Noch ein besonderer Hinweis für Männer. Frauen arbeiten lieber mit Menschen aus Fleisch und Blut zusammen als mit Robotern. Sie werden gerne gefragt, wie es ihnen geht oder wie das Wochenende war. Man erleidet keinen Gesichtsverlust, wenn man sich menschlich zeigt. Respekt verdient man sich

nicht durch dunklen Anzug und strenge Miene, sondern als leistungsfähiger, effektiver und aufmerksamer Kollege.

Die meisten Unternehmen verfügen in ihren Büros über ein unterbewertetes und nicht voll genutztes Potenzial von Menschen, die lernen, sich entwickeln und größere Verantwortung übernehmen können. Schöpfen Sie diese Möglichkeiten aus!

Aus der Praxis

Ich hatte früher eine Sekretärin, die gut meine Kurse abwickelte und sich in Krisen ausgezeichnet bewährte, aber nicht tippen konnte. Nichts, was sie schrieb, war fehlerfrei. Ich betrachtete sie deshalb als inkompetent, und in ihren Augen war ich wohl ein Nörgler – wir hatten nicht das beste Verhältnis.

Als sie ging, wandte ich die Prinzipien des Delegierens an. Meine neue »Sekretärin« sollte den Titel »Course Administrator« erhalten. Beim Vorstellungsgespräch erläuterte ich, dass eine ihrer Verantwortlichkeiten darin bestehen sollte, alles selbst zu überprüfen, was sie für mich schrieb – also nicht nur richtig zu schreiben, sondern es auch zu kontrollieren. Ich fragte sie, ob sie diese Verantwortung übernehmen wolle, und sie willigte ein.

Wir haben nun eine klare Vereinbarung. Ich prüfe auf ihren Wunsch alle Sachen, in denen sie sich nicht sicher ist, doch 80 Prozent dessen, was sie schreibt, sehe ich nicht an. Ich unterschreibe die Briefe, und sie schickt sie ab.

Bei etwaigen Fehlern in diesen Briefen muss ich den Kopf hinhalten. Wir können andere uns gegenüber verantwortlich machen, aber wir können nicht unsere eigene Verantwortung delegieren. Ich muss also sicherstellen,

- dass sie die Kontrolle der Briefe als ihre Aufgabe sieht und akzeptiert,
- dass sie dafür qualifiziert ist,
- dass sie motiviert und engagiert ist, und
- (der härteste Brocken:) ich muss ihr vertrauen.

Der letzte Punkt ist vielleicht der schwierigste, gehört jedoch untrennbar zum Delegieren. In manchen Wörterbüchern wird »delegieren« auch wirklich als »einem anderen anvertrauen« definiert. Durch Delegieren schenkt man anderen Vertrauen, und in einem vertrauensvollen Klima sprechen Mitarbeiter mit hoher Wahrscheinlichkeit auf solch eine Herausforderung an.

In diesem Kapitel sind viele unserer alten Freunde wieder aufgetaucht, unter anderem Perfektionismus, leichte Aufgaben und sofortige Belohnung, doch müssen wir unserer Liste noch acht neue Zeitfresser hinzufügen:

Zeitfresser

- Widerstand gegen Feedback
- Schwächen beim Aufbau des Gesprächskontakts
- Mangelndes Vertrauen in andere
- Alles unter Kontrolle haben müssen
- Mangelnde Förderung der Mitarbeiter
- Identitätskrise
- Sympathiebedürfnis
- Meine Leute haben Probleme mit ihrem Chef
- Angeberei
- Unsicherheit

Am Anfang dieses Kapitels habe ich darauf hingewiesen, dass Delegieren eine der wichtigsten Möglichkeiten ist, sich als Manager Hebelwirkung zu verschaffen.

Delegieren umfasst, noch einmal kurz zusammengefasst, folgende Fähigkeiten:

- Ziele setzen
- Engagement für diese Ziele gewinnen
- Durch Unterstützung und Feedback motivieren und die Motivation aufrechterhalten
- Training und Anleitung

Diese vier Fähigkeiten stehen im Mittelpunkt des folgenden Kapitels.

Tipps für Ihren Erfolg:

Machen Sie das Delegieren von Anfang an zu einem wichtigen Teil Ihres Jobs.
Verinnerlichen Sie die Regeln für effektives Delegieren.
Seien Sie aufmerksam für die beliebtesten Ausreden.
Nutzen Sie das Potenzial Ihrer Mitarbeiter!

16.
Der Manager als Teamführer

Leitfragen

Wie setzen Sie Ihren Mitarbeitern Ziele?
Wie fördern Sie ihr Engagement?
Wie installieren Sie ein Feedback-System?
Begreifen Sie sich als Trainer?

Wie setzen Sie Ihren Mitarbeitern Ziele?

Alle Mitarbeiter müssen wissen, was sie zu tun haben. Manche Manager begehen jedoch den Fehler, ihren Leuten bis *ins kleinste Detail* vorzuschreiben, was sie wie erledigen sollen. Damit verlangen sie die Ausführung von Befehlen. Das ist langweilig und lässt den Mitarbeitern keine Möglichkeiten zur Eigeninitiative. Sagt man jemandem in zwölf Schritten haarklein, wie etwas zu tun ist, dann werden die Anweisungen so kompliziert, dass der Mitarbeiter höchstwahrscheinlich scheitern wird.

Delegieren Sie stets Ziele. Erklären Sie Ihren Mitarbeitern, welche *Resultate* Sie sehen möchten, und lassen Sie ihnen die Freiheit, selbst darüber zu bestimmen, auf welchem Weg sie nun genau dahin gelangen. Vergessen Sie nicht, dass es wahrscheinlich 50 Möglichkeiten gibt, ein bestimmtes Ziel zu erreichen, wobei man auf manche noch gar nicht gekommen ist. Es spricht nichts dafür, dass Ihre Lieblingsmethode die beste Lösung sein muss. Auf diese Weise gewähren Sie Ihren Mitarbeitern mehr kreativen Freiraum, und das macht Sie garantiert zu einem besseren Chef.

Das gleiche Prinzip gilt für die Arbeitsgestaltung. Ihre Mitarbeiter benötigen sinnvolle Aufgaben, die klar von Ihren Aufgaben getrennt sind. Zwar muss in Ihrer Abwesenheit jemand einen Teil Ihrer Aufgaben übernehmen, so wie Sie einen Teil der Aufgaben eines Mitarbeiters übernehmen, wenn dieser in Urlaub geht. Trotzdem muss eine eindeutige Trennlinie zwischen Ihren Aufgaben und denen jedes einzelnen Mitarbeiters verlaufen. Ohne diese Abgrenzung ist jeder Mitarbeiter nur »Assistent von« – und das kann ein äußerst undankbarer Job sein und das Engagement deutlich schmälern.

Wie fördern Sie ihr Engagement?

Guter Service und hohe Qualität lassen sich auch durch noch so viele Befehle und Kontrollen nicht garantieren. Man kann Menschen vielleicht dazu zwingen, anderen einen »Schönen Tag« zu wünschen, doch nicht dazu, dies auch wirklich zu meinen. Die heutzutage übliche Phrasendrescherei in vielen Supermärkten ist das beste Beispiel dafür. Die Kunden merken jedoch, wenn es ernst gemeint ist, und nur in diesem Fall lässt sich von wirklich gutem Service sprechen. In modernen Unternehmen beruht Qualität nicht vorrangig auf Autorität, sondern auf *Engagement.*

Aus der Praxis

Vor ungefähr 300 Jahren sah ein Edelmann auf dem Ritt nach London am Wegesrand einen Steinmetz, der einen großen Steinblock bearbeitete. Als der edle Herr später wieder aus der Stadt ritt, war der Handwerker immer noch in die Arbeit vertieft. Dieses Schauspiel wiederholte sich eine Woche lang zweimal täglich. Am Freitag war der Edelmann so davon fasziniert, dass er abstieg, dem Steinmetz eine Viertelstunde lang bei der selbstvergessenen Arbeit zusah und ihn schließlich fragte: »Entschuldigung, was machen Sie denn da?« Der Steinmetz blickte auf und sah ihn mit stolzerfülltem Gesicht an: »Ich helfe Christopher Wren beim Bau einer Kathedrale.«

Will man erreichen, dass Menschen sich so für Ziele einsetzen, dann müssen sie nicht nur wissen, *was* sie vollbringen sollen, sondern auch, *warum.* Dieses übergeordnete Ziel muss so gestaltet sein, dass sie es befürworten können. Es muss in ihren Augen ein lohnendes Ziel sein. Finanzielle Kriterien sollten dabei nicht im Mittelpunkt stehen: Gewinne sind vielleicht entscheidend für das Unternehmen, doch *inspiriert* man Leute nicht durch die Vorgabe, die Gewinne für Eigentümer oder Aktionäre zu steigern. Die Beteiligung der Mitarbeiter am Wohlergehen des Unternehmens ist eine Möglichkeit, das Engagement der Mitarbeiter zu steigern, die geförderte Identifikation mit dem Organismus Unternehmen eine andere. Auch der Dienst am Kunden, der Wunsch, den Kunden zufrieden zu stellen, ist ein vertretbares Ziel, das inspirieren und Engagement entfachen kann. Die Ausrichtung am Kunden kann das ganze Unternehmen mit Energie erfüllen.

Wie installieren Sie ein Feedback-System?

Jeder braucht Feedback. Ohne Feedback kann man sich kaum verbessern. Am besten ist die direkte Rückmeldung, sodass man die Ergebnisse seiner Tätigkeit sofort sieht.

Eine der Aufgaben des Managers ist deshalb die Entwicklung von Systemen, durch die jeder Mitarbeiter direktes Feedback über die erzielten Resultate erhält. Genauso brauchen auch Sie von Zeit zu Zeit ein Feedback von Ihrem Vorgesetzten.

Stellen Sie sich ein seit zehn Jahren verheiratetes Ehepaar vor, das vor dem offenen Kamin sitzt. Die Frau sieht ihren Mann an und sagt: »Liebling, du sagst nie, dass du mich liebst.« Der Mann blickt von der Zeitung auf und erwidert steif: »Ich habe dir vor zehn Jahren bei unserer Hochzeit gesagt, dass ich dich liebe. Ich werde dir mitteilen, wenn sich daran etwas ändert.«

Können Sie sich das in Ihrem Job vorstellen?

Es hört sich vielleicht lächerlich an, doch so wie dieser Ehemann verhalten sich viele Manager: Ihre Mitarbeiter müssen annehmen, dass sie gute Arbeit leisten, solange sie nichts Gegenteiliges hören. Aber das ist nicht genug. Menschen dürsten nach Lob. Sie möchten beachtet, bestätigt, geschätzt und belohnt werden. Das gilt sowohl im privaten als auch im beruflichen Bereich.

Man sagt, ein Hund würde für seinen Herren sterben, eine

Mutter für ihren Sohn, und ein Mann gibt sein Leben ... wenn genügend andere zuschauen. Hier geht es zwar nicht gerade um Leben oder Tod, doch verlangen Sie von Ihren Leuten immerhin, sich eng an ein Unternehmen zu binden, einen großen Teil ihrer Zeit dafür zu opfern und sich für die Ziele des Unternehmens einzusetzen. *Wenn Sie so viel von Ihren Mitarbeitern erwarten, dann brauchen diese ein aufmerksames Publikum – und dieses Publikum sind Sie.* Als Chef sitzen Sie in der ersten Reihe im Parkett, und Sie tun gut daran, es gebührend anzuerkennen, wenn Ihre Leute eine glänzende Vorstellung geben.

Die nähere Beschäftigung mit dem Thema Feedback liefert paradoxe Ergebnisse. Die meisten Manager haben das Gefühl, mehr zu loben als zu kritisieren, doch ihre Mitarbeiter schätzen im Durchschnitt, dass sie fünfmal häufiger kritisiert als gelobt werden. Erklären lässt sich dieses Phänomen unter anderem damit, dass Managerinnen und Manager Lob und Kritik häufig miteinander verknüpfen und mit dem Lob beginnen, etwa so: »Der Bericht ist ausgezeichnet, aber ...«. Der Empfänger hört nur das Wort »aber«, während die Managerin meint – ja sogar weiß –, dass sie ein Lob ausgesprochen hat. Dieses Lob kommt aber nicht an, und deshalb wurde der, für den es gedacht war, seiner Meinung nach auch nicht gelobt.

Ähnlich wirkungsvoll ist das »stumme Aber«, wobei das Wort vom Vorgesetzten nicht ausgesprochen wird, aber dennoch deutlich im Raum steht. Dieses Problem geht vermutlich auf die Abneigung gegen Konfrontationen zurück: Manche Manager sagen ihren Leuten nicht gern etwas Unangenehmes ins Gesicht, sodass sie sie erst mit Erfreulichem milde stimmen und die Kritik dann nach einem »aber« einfließen lassen. Dies hat oft aber eine katastrophale Wirkung. *Lob und Anerkennung sollten möglichst spezifisch und möglichst eng mit dem entsprechenden Anlass verknüpft sein.*

Manchmal lässt es sich natürlich nicht vermeiden, ein deutlich negatives Feedback zu geben. Erreicht ein Mitarbeiter keine akzeptablen Ergebnisse, dann muss der Vorgesetzte handeln. Lernt der Betreffende nicht, seine Aufgaben gut auszuführen, dann muss er unter Umständen seinen Wirkungskreis ändern. Verwechseln Sie an dieser Stelle nicht Gutmütigkeit mit Dummheit – ansonsten haben Sie bald ein Autoritätsproblem.

Dass bei schwachen Leistungen von den Chefs nur ungern Maßnahmen ergriffen werden, ist eine der bedeutendsten Ursachen für Ineffizienz und somit einer der Faktoren, die am stärksten zur Zeitverschwendung beitragen.

Machiavelli hat dies prägnant ausgedrückt. Er sagte sinngemäß: »Wenn du Gutes tust, dann tu es nach und nach, verbreite es und lass es lange wirken. Wenn du Schlechtes tust, dann bring es schnell hinter dich.«

Also: Loben Sie häufig. Dies motiviert Ihre Mannschaft. Kritik äußern Sie möglichst selten und nur, wenn sie wirklich angebracht ist, dann aber formulieren Sie Ihre Argumente richtig. Nörgeln Sie nicht herum, dadurch schaffen Sie nur ein schlechtes Klima und belasten die Beziehungen. Rufen Sie den betreffenden Mitarbeiter zu sich und konfrontieren Sie ihn mit Ihrer Kritik, und zwar so konstruktiv wie möglich und auf den konkreten Anlass bezogen. Beenden Sie die Besprechung möglichst mit einer positiven Mitteilung, damit nicht der Eindruck entsteht, die ganze Angelegenheit sei allein Ihrer schlechten Laune zuzuschreiben.

Begreifen Sie sich als Trainer?

Das Training ist eine entscheidende Tätigkeit mit hoher Hebelwirkung. In modernen Unternehmen wird es mehr und mehr als Verantwortlichkeit des Linienmanagements gesehen. Alle Manager tragen eine gewisse Verantwortung für die regelmäßige Schulung ihres Mitarbeiterstabs, und so sollten erfahrene Manager auch erfahrene Trainer mit langjähriger Praxis sein.

Leider ist dies nicht immer der Fall. Manche Manager sind schlechte Trainer, und da sie das oft genau wissen, vernachlässigen sie diese Tätigkeit gerne und wenden sich lieber einfacheren Aufgaben zu. Ändern wir an dieser Stelle einmal die Perspektive – nicht der Trainer soll im Mittelpunkt stehen, sondern der Lernende. Klar sollte sein, dass man niemandem etwas *beibringen* kann: Die Aufgabe besteht darin, anderen beim Lernen zu helfen, sie bei der Entwicklung ihrer Möglichkeiten zu unterstützen.

Der Lernerfolg ist das Wichtigste während einer Trainingsstunde. Die geistige Verfassung des *Lernenden* spielt dabei die größte Rolle. Wir alle lernen am besten, wenn wir lernen wollen – um ein Problem zu lösen oder um uns eine Fertigkeit anzueignen. Wir lernen am besten, wenn wir gut motiviert sind und uns einigermaßen zuversichtlich fühlen.

In manchen so genannten »Trainingsstunden« wird dies nicht beachtet. Der Trainer bestimmt, was zu lernen ist: Er verwendet die meiste Zeit darauf, den Lernenden zu erklären, was sie falsch machen und wie es richtig geht. In dieser Atmosphäre gehen die Lernenden leicht in die Defensive, büßen ihre Motivation ein und verlieren ihr Selbstvertrauen. Der Lernerfolg bleibt aus – im schlimmsten Fall verschlechtert sich die Leistung.

Warum müssen Manager immer alles sofort kommentieren? Ich vermute, dass dabei Angeberei im Spiel ist – das Vergnügen, sich selbst reden zu hören. Manager haben nur die Fertigkeiten oder Kenntnisse im Sinn, die sie vermitteln wollen, und vergessen darüber die Eigenheiten und Talente der Menschen, die etwas lernen wollen. Um ein gutes Training zu demonstrieren, das sich auch auf den Job mit Ihnen als Trainer gut übertragen lässt, eignen sich Beispiele aus dem Sport besonders gut.

Aus der Praxis

David Hemery, Olympiasieger im Hürdenlauf und Sportpsychologe, hat einen Kurs entwickelt, der auf dem anderen Extrem aufbaut: »Training durch Befragung«.

Als ich daran teilnahm, sollte ich einen Sonntagsgolfer trainieren. Da ich selbst nicht Golf spiele, konnte ich ihm keine Anweisungen geben. So fragte ich ihn, an welchem Aspekt seines Spiels er gerne arbeiten würde. »An meinem Schwung«, antwortete er, »ich habe manchmal das Gefühl, dass ich mich beim Schwung verkrampfe.« Ich wollte wissen, wo genau er diese Verkrampfung spürte – in den Schultern, in den Armen oder in den Fingern? Er wusste es nicht.

So schlug ich ihm vor, einige Drives auszuführen und auf die Spannungen zu achten. Er sollte sich nicht darum kümmern, wohin die Bälle gingen, sondern nur nach unten blicken und sich ganz auf den Ablauf konzentrieren. Nach einigen Schwüngen hatte er die Verkrampfung geortet: »Es sind meine Hände. Ich halte den Schläger zu fest.« Nun fragte ich ihn, wann er die Verkrampfung spürte – vor oder nach dem Abschlag? Er konnte mir wieder keine Antwort geben, doch durch ein paar weitere Übungsschwünge kam er darauf: »Jetzt weiß ich's: Kurz bevor ich den Ball treffe. Anscheinend will ich kurz vor dem Abschlag den Schwung korrigieren.«

Schon jetzt war festzustellen, dass er seine Bälle allmählich viel gerader und weiter spielte. Mit einigen Minuten Training hatte ich diesem Golfer also geholfen, etwas zu lernen, und – was viel wichtiger ist –, ich hatte es ihm ermöglicht, *selbst weiterzulernen.*

Leider muss ich hinterherschicken, dass manche Teilnehmer extreme Schwierigkeiten mit dem Kurs von David Hemery hatten – vor allem erfahrene Lehrer, die sich sehr gut mit der betreffenden Sportart auskannten. Sie konnten der Versuchung nicht widerstehen, nur Instruktionen zu geben. Auch wenn sie Fragen stellten, formulierten sie diese gerne so, dass klar wurde, worauf sie hinauswollten. Die Ergebnisse ihrer »Schüler« fielen dementsprechend mau aus.

Ich will nun nicht sagen, dass Anleitungen im Unterricht überhaupt nichts verloren haben. Es ist ja auch sehr einfach und geht schnell, etwas zu erläutern, und blutige Anfänger kommen wohl kaum ohne grundlegende Anleitungen aus: Wer sich zum ersten Mal im Golf versucht, muss lernen, wie man den Schläger hält und schwingt. Auch Fortgeschrittene können bei entsprechender Sicherheit und guter Motivation von einer gelegentlichen Unterweisung profitieren.

Sind Selbstbewusstsein und Motivation des Lernenden aber schwach ausgeprägt, dann können Anleitungen das Gegenteil bewirken. Da wir das Selbstbewusstsein anderer oft überschätzen, müssen wir jede Gelegenheit wahrnehmen, es zu stärken.

Sind Ihre Mitarbeiter lernbereit und wollen Sie ihnen wirklich konstruktiv helfen, dann sollte die Zeit, in der Sie mit ihnen trainieren, für sie der Höhepunkt der Woche sein. Ist das der Fall? Freuen sich Ihre Leute auf das Training mit Ihnen? An wem liegt es, falls dies nicht zutrifft?

Zeitfresser

- Angeberei
- Unsicherheit
- Abneigung gegen Konfrontationen
- Mangelhafte Fähigkeiten als Trainer

Tipps für Ihren Erfolg:

Formulieren Sie klare Ziele.
Fördern Sie die Identifikation Ihrer Mitarbeiter mit dem Unternehmen.
Loben Sie oft, tadeln Sie konstruktiv.
Werden Sie ein guter Trainer.

17.
Umgang mit dem Chef

Leitfragen

Wie sieht das Verhältnis zu Ihrem Vorgesetzten aus?
Setzt Ihnen Ihr Chef klare Ziele?
Erhalten Sie genug Feedback?
Mit welchen Befugnissen sind Sie ausgestattet?
Ist Ihr Chef ein guter Zuhörer?

Wie sieht das Verhältnis zu Ihrem Vorgesetzten aus?

»Der Chef« erscheint meist weit oben auf der Liste der Zeitfresser, und zwar in einer der folgenden Formen:

- Manche Chefs geben unklare Ziele vor und sind darauf spezialisiert, ohne Vorwarnung von vereinbarten Bedingungen abzuweichen.
- Andere geben ihren Mitarbeitern kein Feedback.
- Manche Chefs geben ihren Leuten nicht genügend Befugnisse, andere statten sie mit zu vielen Befugnissen aus, verschwinden dann und überlassen alles ihnen.
- Manche hören einfach nicht zu.

Wer in einer Organisation Erfolg haben will, muss gute Arbeit leisten. So lange Sie nicht »ganz oben« sitzen, werden die Kriterien dafür von Ihrem Chef vorgegeben. Arbeitet man für andere, dann arbeitet man nach deren subjektiven Prioritäten – so sieht das Verantwortlichkeitsgefüge von Organisationen aus. Das Verhältnis muss so gestaltet sein, wenn ein Unternehmen effizient arbeiten will. Man bezeichnet dies auch als »Goldene Regel« des Managements: »Wer das Gold hat, macht die Regeln«. (Wir werden es übrigens auch in diesem Kapitel mit einer Chefin zu tun haben: Wir brauchen mehr davon.)

Besteht also keine Hoffnung? Können Sie, wenn das Verhältnis getrübt ist, nur warten, bis Ihre Chefin an einem Management-Seminar teilnimmt? Natürlich nicht. Es muss etwas geben, was Sie tun können. Und wenn Sie das Verhältnis tatsächlich verbessert haben, werden auch ihre Mitarbeiter wiederum davon profitieren!

Auf den ersten Management-Kursen, die ich belegte, erstaunte mich, dass die Dozenten immer nur vom Umgang mit Untergebenen sprachen. Dies fand ich persönlich nicht besonders schwierig. Der Umgang mit dem Chef wurde nie angesprochen, schien mir aber viel komplizierter zu sein.

Einen ersten Anstoß bekam ich eines Tages im Büro eines Kollegen. Unser Gespräch wurde durch einen Anruf unterbrochen. Während ich auf das Ende des Telefonats wartete, blätterte ich seinen Tischkalender durch und las die Sprüche für den Tag – und da war er, ein wahres Prachtstück! Er lautete: »Es ist schrecklich, für eine nervöse Chefin zu arbeiten, vor allem, wenn man selbst an ihrer Nervosität schuld ist.« Mir wurde schlagartig bewusst, dass dies eine jener tiefgründigen Wahrheiten war, die so nahe liegen, dass wir sie glatt übersehen.

Könnte eine Entspannung im Verhältnis zu Ihrer Chefin also dann eintreten, wenn Sie ihr die Nervosität nehmen, die sie Ihretwegen und Ihrer Arbeitsleistung wegen empfindet?

Wahrscheinlich tragen nicht alle Aspekte Ihrer Arbeit in gleichem Maße zur Nervosität Ihrer Chefin bei. Es gibt sicherlich Bereiche, in denen sie ganz ruhig ist und Ihren Fähigkeiten vertraut (z. B. die Bestellung von Schreibpapier ...). In diesen Bereichen erledigen Sie Ihre Arbeit gut und verursachen ihr keine Kopfschmerzen. Über Fortschritte können Sie routinemäßig am Ende der Woche oder des Monats berichten.

Dann gibt es die Arbeitsbereiche, in denen Ihre Chefin Ihnen zwar Handlungsvollmacht gegeben hat, aber offenbar kein absolutes Vertrauen in Sie setzt. Da es nicht in Ihrem Interesse liegt, dass Ihre Chefin Ihretwegen an Schlafstörungen leidet, sollten Sie sie eben nie zu Bett gehen lassen, ohne sie vorher über Ihre Tätigkeit informiert zu haben. Entscheiden Sie, was zu tun ist, führen Sie dies aus –

und erstatten Sie Ihrer Chefin darüber Bericht. So sorgen Sie dafür, dass sie ruhig bleibt, und ersparen sich selbst unnötigen Stress.

Schließlich wird es noch Bereiche geben, in denen Sie keine Handlungsvollmacht haben – die Gründe dafür lassen wir momentan beiseite. Hier sollten Sie überlegen, was zu tun ist, und mit Ihren Empfehlungen zur Chefin gehen. Akzeptieren Sie in diesen Fällen Ihre untergeordnete Position.

Wenn Sie Pech haben, umfasst Ihr Job noch ein weiteres Gebiet, das Ihre Chefin gelegentlich aus der Haut fahren lässt. Über diesen Teil Ihrer Aufgaben sollten Sie kein Wort verlieren, sondern stillhalten und auf ihre Anweisungen warten – und diese dann penibel ausführen.

Wir sind hier wieder bei der »Treppe des Delegierens« angelangt, die wir jetzt allerdings von unten betrachten. Untersuchen wir innerhalb dieses Rahmens die anfangs aufgeführten Probleme.

Setzt Ihnen Ihr Chef klare Ziele?

Aus der Praxis

Werde ich von einem Unternehmen als Berater berufen, um bei der Lösung eines Problems zu helfen, dann stelle ich häufig fest, dass mein Auftraggeber bei dem falschen Problem angesetzt hat – vielleicht bei einem Symptom statt bei den tieferen Ursachen. Aus diesem Grund würde ich ein Problem nie so akzeptieren, wie es mir anfänglich dargestellt wird. Nachdem man mir den Auftrag beschrieben hat, formuliere ich ihn noch einmal in meinen eigenen Worten: »Wenn ich Sie richtig verstehe, meinen Sie also, dass ...« Dabei versuche ich, etwas mehr in die Breite zu gehen. Meine Gesprächspartner bestätigen daraufhin entweder, dass es sich so verhält, oder sie geben mir weitere Informationen. So gelangen wir schließlich zu einer klareren Definition des Projekts, die beiden Seiten einleuchtet.

Der nächste Schritt bei einem Beraterauftrag ist die schriftliche Fixierung der Projektdefinition mit Lösungsübersicht und Zeitplan. So werden die Erwartungen beider Seiten klar beschrieben und sichergestellt, dass sie übereinstimmen.

Nach dem gleichen Prinzip kann man auch bei firmeninternen Aufträgen vorgehen, selbst bei kleineren Angelegenheiten. Gehen Sie nach folgender Strategie vor: Bittet Ihre Chefin Sie um die Erledigung einer bestimmten Sache, dann könnten Sie erwidern: »Sie wollen also, dass ich ... Das könnte ich bis Freitag Vormittag machen. Wäre das in Ordnung?« Bei umfangreicheren Projekten können Sie auch am nächsten Tag ein Memo vorlegen: »Zu unserer Besprechung gestern möchte ich kurz zusammenfassen: ...«

Beispiel für ein Memo

- Sie haben mich gebeten ....
- Ich denke an folgende Lösung ....
- Als Zeitrahmen schlage ich vor ....
- Bitte teilen Sie mir mit, ob Sie damit einverstanden sind.

  ....

Mit der Zeit wird Ihre Chefin merken, wie zuverlässig Sie die vereinbarten Ziele verfolgen. Das wird das Vertrauensverhältnis stärken, und im Endeffekt wird sie Ihnen nach und nach mehr Freiräume gewähren.

Ich habe den Verdacht, das Verhältnis zwischen Vorgesetzten und Mitarbeitern ist unter anderem deshalb problematisch, weil es als Eltern-Kind-Beziehung gesehen wird – die Eltern bestimmen, das Kind muss gehorchen.

Viel natürlicher wäre es, darin ein Verhältnis zwischen zwei Erwachsenen mit unterschiedlichen Verantwortlichkeiten im Unternehmen zu erkennen; dies gilt insbesondere für moderne Organisationen mit großer Leitungsspanne. So wird deutlich, dass beide Seiten Verantwortung für die Gewährleistung klarer Ziele tragen.

Erhalten Sie genug Feedback?

Wir alle brauchen Feedback, vor allem von Vorgesetzten und Kunden. Ohne Feedback wird praktisch jede Tätigkeit zur Plackerei. Stellen Sie sich vor, Sie schlagen auf dem Golfplatz den ganzen Tag lang Bälle ab, sehen aber nicht, wo sie hingehen. Auch das wäre äußerst langweilig.

Bleibt das benötigte Feedback aus, dann fordern Sie es ein, und machen Sie deutlich, dass Sie hier auf einer Ebene stehen. Sie sollten Ihre Chefin aber nicht damit überfallen, sondern ihr Zeit zur Vorbereitung einräumen, etwa so: »Ich habe mir mit diesem Bericht viel Mühe gegeben, und es würde mich sehr interessieren, was Sie zu meinen Ideen und ihrer Darlegung sagen. Könnte ich im Laufe der Woche noch einmal vorbeikommen?«

Stufen Sie Ihre Chefin nicht zu schnell als Widersacherin ein – vergessen Sie nicht, dass sie auch von Ihnen abhängig ist.

Mit welchen Befugnissen sind Sie ausgestattet?

Meine Chefin gibt mir nicht genügend Befugnisse

Ist das der Fall, dann könnten Sie zunächst mehr Befugnisse verlangen bzw. anbieten, mehr Verantwortung zu übernehmen. Funktioniert dies nicht, müssen Sie vielleicht zu einer anderen Strategie greifen.

Wie lauten unsere Regeln? *Wo man keine Handlungsvollmacht hat, soll man »Lösungsvorschläge machen«.* Verhalten Sie sich genauso! Taucht in einem Teil Ihres Jobs, in dem Ihre Befugnisse beschränkt sind, ein Problem auf, dann überlegen Sie sich eine geeignete Maßnahme. Gehen Sie damit zu Ihrer Chefin, erläutern Sie, was passiert ist, und schlagen Sie anschließend Ihre Lösung vor. Vorgesetzte mögen Mitarbeiter, die Lösungsvorschläge machen.

Die Strategie besteht nun darin, dass Sie möglichst oft mit solchen Angelegenheiten im Büro Ihrer Chefin erscheinen. Früher oder später kommt der Tag, an dem sie unter Druck steht – auf dem Schreibtisch türmt sich die Arbeit, das Telefon klingelt in einer Tour, und sie versucht gerade, einen Bericht fertig zu stellen. Da kommen auch noch Sie hereinspaziert und beginnen: »Das ist gerade passiert. Ich würde Folgendes vorschlagen« – und bringen sie zur Explosion: »Müssen Sie ständig hier hereinkommen und mich von der Arbeit abhalten? Ich dachte, Sie informieren sich gerade über Zeitmanagement?«

Anstatt leise fluchend den Rückzug anzutreten, sollten Sie an Ihren Schreibtisch zurückrennen und sich beglückwünschen: Sie sind gerade befördert worden! Im Bruchteil einer Sekunde hat Ihre Chefin ihnen soeben die Befugnis gegeben, ohne vorherige Rücksprache mit ihr zu handeln. In diesem Bereich Ihres Jobs sind Sie geschickt eine Stufe höher gestiegen. Klettern Sie aber nicht gleich bis ganz oben, sondern suchen Sie sich eine Zwischenstufe, und vergessen Sie nicht, dass in anderen Angelegenheiten nach wie vor gilt: »Bereiten Sie das vor, ich werde es prüfen«. Dies war ziemlich manipulativ, nicht wahr? Ich kann Ihnen jedoch versichern, dass Sie nach und nach mehr Verantwortung übernehmen werden, wenn Sie eine gewisse Zeit ständig gute Lösungsvorschläge vorbringen. Manche Vorgesetzten übertragen die zusätzliche Kompetenz wohlwollend während des Beurteilungsgesprächs, andere auf Anfrage und wieder andere nur, wenn sie unter Druck stehen – doch früher oder später ist es so weit, und häufig folgt neun Monate später eine entsprechende Gehaltserhöhung!

Meine Chefin überträgt mir zu viele Befugnisse

Glauben Sie, die oberste Stufe – »Machen Sie es auf Ihre Weise« – ist das Ziel, das man anstreben sollte? In einer idealen Welt wäre dies wohl auch der Fall, doch tatsächlich kann es dort oben für Sie höchst gefährlich werden. Vielleicht meinen Sie, in einem Teilbereich Ihrer Tätigkeit das absolute Vertrauen Ihrer Chefin zu genießen. Sie haben diese Sache auch einige Monate lang selbstbewusst von der obersten Stufe aus geregelt, doch eines Tages sind Sie außer Haus, eine Krise bricht aus, und die Sache landet auf dem Schreibtisch Ihrer Chefin.

Sie stellt plötzlich fest, dass sie nicht weiß, was Sie getrieben haben. Bei Ihrer Rückkehr werden Sie zu ihr beordert und möglicherweise in zehn Sekunden von der obersten Stufe auf die unterste befördert. Dies kann tiefe Narben in der Psyche hinterlassen. Man sollte es nicht so weit kommen lassen und das Risiko möglichst gering halten.

Auf der obersten Stufe ist man sehr exponiert. Diese Ebene eignet sich deshalb zunächst einmal vor allem für risikoarme Routineaufgaben. Betrachten Sie es als ein Übungsfeld. In riskanteren Angelegenheiten sollten Sie nicht weiter gehen, als sie auf Ihre Weise zu bearbeiten und dann sofort Ihre Vorgesetzte zu informieren. Selbst wenn sie nichts davon wissen will, kann sie nicht verhindern, dass sie nun von Ihnen in Kenntnis gesetzt wird – gegebenenfalls schriftlich. Dieses Problem haben Sie also voll unter Kontrolle.

Ist Ihr Chef ein guter Zuhörer?

Hört Ihre Chefin Ihnen einfach nicht zu, dann versuchen Sie, wie ein Verkäufer vorzugehen: Entwickeln Sie Ideen, die Sie ihr verkaufen. Wie überall im Verkauf müssen Sie zunächst die Bedürfnisse des Kunden erkennen:

Fragebogen

- Welchen Einschränkungen ist sie unterworfen, welcher Druck lastet auf ihr? ....
- Wie arbeitet sie am liebsten? ....
- Womit könnte sie ihre Ziele leichter erreichen? (Die beste Möglichkeit, sich die Dankbarkeit anderer zu erwerben, besteht darin, dass man ihnen bei der Lösung ihrer Probleme hilft.) ....

Wenn Sie Ihre Idee vortragen, dann leiten Sie dies vorsichtig ein:

»Ich habe da eine Idee, die ich Ihnen gerne mitteilen würde.«

»Wir haben doch letzte Woche über das Problem XYZ gesprochen. Ausgehend von Ihrer Idee bin ich darauf gekommen, dass ...« etc.

Außerdem ist es wichtig, dass Sie Ihre Chefin gelegentlich mit den Schwierigkeiten konfrontieren, die sie Ihnen bereitet: häufige Unterbrechungen, überflüssige Panik etc. Dabei ist es taktisch klug, sie bei dieser Gelegenheit um Rat zu fragen: Sie erhalten vielleicht nicht ganz, was Sie wollen, doch nur wenige Menschen können dieser Verlockung widerstehen.

Verhalten Sie sich im Verhältnis mit Vorgesetzten stets vorausschauend aktiv. Alle Führungskräfte, die ich kennen lerne, hätten es gerne, wenn ihre Leute kreativer und einfallsreicher wären. Nehmen Sie sich regelmäßig die Zeit, nach Möglichkeiten Ausschau zu halten, wie sich die Leistungsfähigkeit Ihres Unternehmens erhöhen, der Betrieb reibungsloser gestalten, die Zufriedenheit der Kunden steigern ließen. Beliefern Sie Ihre Chefin kontinuierlich mit Ideen. Für manche wird sie sich nicht bedanken, und andere wird sie Ihnen klauen, doch langfristig fördern Sie damit zwangsläufig Ihre Sache – Sie erlangen die Aufmerksamkeit Ihrer Chefin, sie wird Ihnen zuhören, und das wollten Sie doch erreichen, oder?

Tipps für Ihren Erfolg:

Pflegen Sie einen guten Kontakt zu Ihrem Vorgesetzten.
Unterbreiten Sie immer wieder neue Lösungsansätze.
Es sollte stets Klarheit über Ihre Befugnisse herrschen.
Entwickeln Sie eine Strategie, um nach und nach mehr Freiraum zu erhalten.

18.

Human Marketing – Zusammenarbeit mit anderen

Leitfragen

Wie stellen Sie Qualität für den Kunden her?
Wie gehen Sie mit Kundenbeschwerden um?
Wie setzen Sie Prioritäten bei Menschen?

Neben den externen Kontakten mit Geschäftspartnern und Kunden, spielen auch die »internen« im Arbeitsalltag eine wichtige Rolle. In modernen Unternehmen könnte man diese Kontakte wie die externen vor allem in Kunden und Lieferanten unterteilen: Die Verkaufsabteilung ist Kundin der Fertigungsabteilung, die Fertigungsabteilung wiederum Kundin der Einkaufsabteilung. Viele Ihrer Mitarbeiter, etwa Ihre Sekretärin, fungieren Ihnen gegenüber manchmal als Lieferanten, manchmal als Kunden. *Gutes Zeitmanagement und persönliche Effektivität bedeuten in diesem Zusammenhang, diese Beziehungen zu verstehen und gezielt zu steuern.*

Im vorliegenden Kapitel werde ich diese Beziehungen unter Marketing-Aspekten analysieren, wobei der Außenmarkt einfache Erkenntnisse liefert, die Ihnen beim Umgang mit internen Kunden und Lieferanten, also auch Mitarbeitern, von Nutzen sein können.

Das explosionsartige Wachstum der japanischen und westlichen Wirtschaft hat gezeigt, dass relativ freie marktwirktschaftliche Systeme der zentralen Planwirtschaft anderer Regime überlegen sind. Sicher sind auch die westlichen Volkswirtschaften nicht absolut frei, und die freie Marktwirtschaft selbst wirft ebenfalls einige Besorgnis erregende Probleme auf. *Wirtschaftlich gesehen* funktioniert ein freier Markt jedoch, weil er dem Kunden stets eine Auswahl bietet. Die Unternehmen konkurrieren miteinander, indem sie versuchen, die Bedürfnisse der Kunden zu erkennen und diese optimal zu erfüllen. Dies ist eine wesentliche Triebfeder für Innovation, Qualität und Kostensenkungen.

Qualitativ hochwertige Produkte oder Dienstleistungen finden wir auf Märkten, in denen Wettbewerb herrscht (z. B. Restaurants), minderwertige Produkte oder Dienstleistungen eher dort, wo Monopole bestehen. Zwar ist keineswegs ausgeschlossen, dass auch Monopole gute Dienstleistungen/Produkte liefern können, doch scheint es auf einem monopolistischen Markt leichter zu sein, Innovation und Qualität zu vernachlässigen, da der Kunde sowieso keine Wahl hat.

Eine Frage an die Betriebsleitung: Wie viele Anbieter konkurrieren um Ihren Auftrag, wenn Sie Dienstleistungen im Personal- oder Buchhaltungsbereich benötigen? Könnte dies ein Problem sein?

Wie stellen Sie Qualität für die Kunden her?

Die Lieferung von Qualität umfasst zwei wesentliche Schritte:

1. die Bedürfnisse der Kunden erkennen,
2. diese Bedürfnisse befriedigen.

Dies ist natürlich eine einfache Definition des Marketing-Konzepts. Sie führt zu einer klaren Spezifikation der Kundenanforderungen, welche die Lieferanten erfüllen müssen. Aber was ist mit den firmeninternen Kunden? Liegen Ihnen die klar spezifizierten Anforderungen all Ihrer internen Kunden vor? Wissen Sie genau, was diese von Ihnen wollen? Oder bekommen sie nur das, wozu Sie sich »freiwillig« bereit erklären?

Erkennen Sie die Bedürfnisse der Kunden

Um die Bedürfnisse der Kunden kennen zu lernen und sie später zu erfüllen, betreiben Unternehmen auf dem Außenmarkt »Marktforschung« oder, genauer, »qualitative Marktforschung«. Leute, die nichts mit Marketing zu tun haben, meinen oft, dass man die Kunden dabei einfach fragt, was sie wollen. Tatsächlich sollte Marktforschung aber weit darüber hinausgehen, weil Kunden an sich selten innovationsfreudig sind: Sie beziehen sich meist auf Produkte und Dienstleistungen, die sie schon kennen. Das Entwickeln von Innovationen fällt deshalb den Anbietern zu.

Bei dieser Art von qualitativer Marktforschung muss man die Kunden einzeln oder in Gruppengesprächen zum Reden bringen und sich in ihre Probleme hineindenken. *Ihr Ziel besteht darin, dass Sie Ihre Kunden und deren Bedarf an Ihren Dienstleistungen/Produkten besser verstehen als diese selbst.*

Wie viel Zeit verbringen Sie mit ihren internen und externen Kunden und damit, sich in diese und in ihre Probleme hineinzuversetzen?Wie gut kennen Sie die tatsächlichen Bedürfnisse Ihrer Kunden? Wie häufig treten Sie mit innovativen Lösungen an sie heran?

Da sich die Bedürfnisse der Kunden voneinander unterscheiden, stellt sich folgende Frage: »Bis zu welchem Punkt sollten wir unterschiedliche Bedürfnisse durch unterschiedliche Produkte und Dienstleistungen befriedigen?« Auf dem Außenmarkt treten Marketing-Manager und Verkaufsleiter in dieser Hinsicht gerne für größere Differenzierung und Marktsegmentierung ein, während die Controller sich meist für eine stärkere Standardisierung stark machen, weil sie darin die Voraussetzung für mehr Rentabilität sehen.

Michael Porter weist in seinem Buch *Nationale Wettbewerbsvorteile* darauf hin, dass die meisten rohstoffreichen Länder, etwa Australien, Kanada und Brasilien, wirtschaftlich betrachtet überraschend erfolglos sind, weil sie sich einseitig auf Tonnen und Kostenkontrolle konzentrieren. Demgegenüber finden wir unter den erfolgreichsten Volkswirtschaften Japan, Singapur und die Schweiz, die alle drei durch ihren Mangel an natürlichen Ressourcen auffallen. Diese Länder müssen also zwangsläufig die Wertschöpfung in den Mittelpunkt stellen, und dies tun sie, indem sie Kundenbedürfnisse erkennen, sie analysieren und ihr Angebot dementsprechend differenzieren.

Die Modalitäten auf dem Außenmarkt machen deutlich, dass Kunden dann für Qualität bezahlen, wenn diese in ihren Augen tatsächlich vorhanden ist. Auf dem internen Markt gewinnt leider zu oft die Kostenkontrolle die Oberhand, und monopolistische Anbieter zwingen allen Kunden ihre Standard-Systeme und -Dienstleistungen auf.

Fragen Sie sich nun: Könnten Sie die wahrgenommene Qualität Ihrer Produkte oder Dienstleistungen durch eine größere Differenzierung verbessern?

Befriedigen Sie die Bedürfnisse der Kunden

Nachdem die Bedürfnisse erkannt und spezifiziert wurden, muss der Anbieter sie erfüllen – oder übererfüllen, was noch besser ist. *Der Außenmarkt zeigt, dass man sich zufriedene Kunden schafft, indem man weniger verspricht und mehr bietet.* Der Kunde wird so positiv überrascht sein, dass er häufig zum Stammkunden wird und die Gefahr des Wechselns schwindet.

Es genügt schlichtweg nicht, den Kundenanforderungen in zehn Fällen neunmal zu entsprechen: Wenn Sie wöchentlich bei Ihrer Bank vorbeischauen und in zehn Wochen einmal schlecht bedient werden, worüber sprechen Sie dann mit Ihren Freunden? Qualität bedeutet eben, die Leistung in zehn Fällen zehn Mal pünktlich und den Anforderungen gemäß zu erbringen – also jedes Mal.

Qualität ist natürlich teilweise auch subjektiv. Besitzt ein Unternehmen ein gutes Image, dann übersehen treue Kunden einen gelegentlichen Schnitzer. Ist das Image hingegen schlecht, dann tauschen die Leute mit Vergnügen Geschichten über Fehler aus, die sich das Unternehmen wieder geleistet hat, und das Image-Problem wird noch verschärft.

Ihre Abteilung hat in den Augen der internen Kunden und Zulieferer ebenso ein Image wie das Unternehmen als Ganzes. Dieses Image ist mit der Zeit aus den Erfahrungen entstanden, die andere im Umgang mit Ihnen gemacht haben, und es wirkt sich nachdrücklich auf die Qualitätswahrnehmung aus. Versuchen Sie, Ihren Bereich mit den Augen eines internen Kunden zu betrachten und Ihr Image selbstkritisch zu analysieren:

- Halten Sie Ihre Versprechen – zur vereinbarten Zeit und ohne Mahnung?
- Sind Sie immer pünktlich?
- Welchen ersten Eindruck hätte ich von Ihrem Büro?
- Welchen ersten Eindruck hätte ich, wenn ich Sie anriefe?
- Liefern Sie immer Qualität?

Auf dem Außenmarkt haben Sie gelernt, wie wichtig regelmäßige Erhebungen sind: Wird etwas gemessen, dann achtet man darauf, die Ergebnisse zu berücksichtigen. Es ist jedoch nicht mehr damit getan, Volumen und Gewinne zu messen – Sie brauchen Feedback von den Kunden, um auch Qualität und Kundenzufriedenheit messen zu können. Erhalten Sie regelmäßig Feedback von Ihren internen Kunden?

Wie gehen Sie mit Kundenbeschwerden um?

Die Beschwerden, die bei einem Unternehmen eingehen, sind nur die Spitze des Eisbergs. Die meisten Kunden beschweren sich nicht, sondern teilen ihre negativen Erfahrungen nur anderen Kunden mit – oder sie wechseln die Firma. So gesehen kann ein Unternehmen eher froh sein, wenn sich ein Kunde beschwert: Er liefert damit wichtige Informationen, anhand deren die Firma sich qualitativ verbessern kann. Deshalb sollten alle Unternehmen Beschwerden begrüßen und es den Kunden möglichst leicht machen, sie vorzubringen. *Installieren Sie für Ihre Kunden ein gut funktionierendes Beschwerdemanagement.*

Wie leicht machen Sie es Ihren Kunden, sich zu beschweren? Wie aufgeschlossen sind Sie gegenüber Beschwerden?

Aus der Praxis

Während eines Seminars, das ich in Nairobi abhielt, beschwerte sich ein Manager von Colgate Palmolive über den fürchterlich schlechten Service, den ein örtliches Hotel anlässlich einer wichtigen Werbeveranstaltung geboten hatte. Er schloss seine Geschichte mit den Worten: »Wir haben dieses Hotel zwölf Jahre lang für alle unsere Besucher und Veranstaltungen gebucht, aber dies war das letzte Mal.« Ich wunderte mich ein wenig, weil ich selbst mit dem mittleren Management des betreffenden Hotels gearbeitet hatte: Mein Eindruck war, dass man sich dort viel Mühe gab und guten Service bot. Deshalb erzählte ich die Geschichte dort weiter und erhielt eine interessante Antwort: »Ich weiß genau, wer für dieses Problem verantwortlich ist. Er ist seit einem halben Jahr bei uns und hat in dieser Zeit nur Schwierigkeiten gemacht. Wir haben versucht, ihm unsere Methoden beizubringen, aber es hat nichts geholfen. Jetzt wollen wir ihn loswerden. Bitten Sie den Manager doch, dafür zu sorgen, dass sich Colgate Palmolive auf höchster Ebene und so laut wie möglich beschwert. Nur so können wir dieses Problem lösen.«

Es gibt in jeder Organisation Menschen, die sich für guten Service einsetzen. Wenn wir uns nicht beschweren, dann gewähren wir ihnen keine Unterstützung. Schon häufig wurde darauf hingewiesen, dass die Dienstleistungsqualität oft deshalb so schlecht ist, weil wir uns nicht oft genug beschweren.

Stellen Sie sicher, dass gerade Ihre monopolistischen Lieferanten Ihre Bedürfnisse genau kennen, und geben Sie ihnen regelmäßig Feedback darüber, inwieweit Sie mit ihnen zufrieden sind. Jeder, dem wirklich etwas an der Güte der von ihm erbrachten Dienstleistungen liegt, wird diesen Dialog begrüßen. Dies muss der Weg sein, auf dem Innovationen erreicht werden. Und wenn Sie diesen Weg gehen, wird man Sie als einen wertvollen Geschäftspartner schätzen – bei internen wie bei externen Beziehungen.

Vielleicht sollten wir alle Arbeitnehmer in einer Firma als Kunden sehen, die Dienstleistungen des Unternehmens und seiner Manager in Anspruch nehmen.

Auf dem Außenmarkt sind Marketing-Maßnahmen notwendig, weil die Kunden dort zwischen diversen Anbietern wählen können. Aber auch Arbeitnehmer stehen mehr und mehr vor der Wahl: Sie können sich für ein Unternehmen entscheiden oder nicht, sie können zur Arbeit erscheinen oder nicht, sie können Energie und Einsatzfreude mitbringen oder nicht. Was wollen Sie?

Wie setzen Sie Prioritäten bei Menschen?

Dialoge mit Kunden und Lieferanten, Zuhören, Aufbau und Pflege von Beziehungen – all dies nimmt Zeit in Anspruch, und Zeit ist knapp. Wie lassen sich also bei den Kontakten zu Menschen Prioritäten setzen?

Laut Pareto-Prinzip dürften 20 Prozent der Menschen, mit denen Sie zu tun haben, 80 Prozent Ihrer Ergebnisse beeinflussen, und 80 Prozent der Menschen 20 Prozent der Ergebnisse. Unter diesen Umständen müssen Sie bestimmen, wer in welche Kategorie fällt, und dementsprechend mit den jeweiligen Leuten umgehen. Legen Sie eine Liste der Beziehungen mit hoher Hebelwirkung an:

- Ihre Chefin – von ihr gehen viele Ihrer Prioritäten aus.
- Zwei oder drei Personen auf oder über der Ebene Ihrer Chefin, die den größten Einfluss auf sie ausüben.
- Alle, die Ihnen direkt unterstellt sind.
- Alle übrigen Unternehmensangehörigen, deren Unterstützung Sie zur effektiven Ausübung Ihres Jobs benötigen. Überlegen Sie, ob Sie manche Beziehungen an ein Mitglied Ihres Teams delegieren könnten.
- Andere Personen außerhalb des Unternehmens, aber auch hier wieder nur die wichtigsten. Bei Kunden und Lieferanten müssen Sie eine Möglichkeit finden, entscheidende Kontakte von den anderen zu unterscheiden. Jeder Kunde muss im Unternehmen natürlich einen zuverlässigen Ansprechpartner haben, doch das können nicht immer Sie sein.

Effektive Manager bauen Beziehungsnetze unter ihren wichtigsten internen und externen Kontakten auf. Sie bewähren sich als Networking-Experten, und alle profitieren davon. Sie widmen ihren Kontaktpersonen Zeit, versuchen, sie als Menschen kennen zu lernen und beiderseitiges Vertrauen wachsen zu lassen. Auf lange Sicht kann dies eine Tätigkeit von enormer Hebelwirkung sein. Sie wissen: *Ohne die Hilfe anderer kann man nichts Bedeutsames erreichen, doch man kann auch nicht für alle Zeit haben.*

Das Pareto-Prinzip

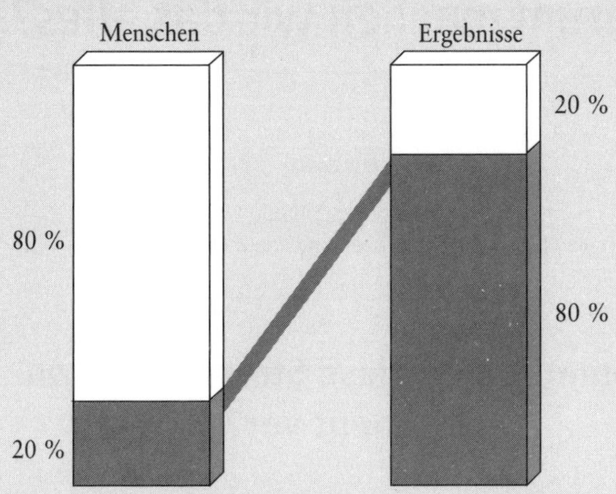

Zeitfresser

- Abneigung gegen Konfrontationen
- Mangelhafte Fähigkeiten als Trainer
- Mangelnde Kenntnis der Kundenbedürfnisse
- Übermäßig standardisierter Service
- Unzureichendes Kunden-Feedback
- Unterentwicklung entscheidender Kontakte
- Innovationsträgheit

Tipps für Ihren Erfolg:

Setzen Sie Qualitätsstandards für externe und interne Kunden, und optimieren Sie sie ständig.
Wägen Sie zwischen Standard- und individuellen Lösungen ab.
Entwickeln Sie ein Netzwerk wichtiger Kontakte und pflegen Sie es.

19.
Warum machen wir das alles?

Leitfragen

Kommt Ihnen diese Stress-Situation bekannt vor?
Wie können Sie solche Situationen und deren Ursachen analysieren?

Kommt Ihnen diese Stress-Situation bekannt vor?

Aus der Praxis

Sie sollen ein Gutachten für die Vorstandssitzung schreiben. Als Sie den Auftrag vor zwei Wochen übernahmen, waren Sie ganz aus dem Häuschen: Sie sahen ihn als echte Chance, eine bedeutende Entscheidung zu beeinflussen und Ihre Fähigkeiten unter Beweis zu stellen. Jetzt wird allmählich die Zeit knapp: Das Gutachten steht zwar endlich ganz oben auf Ihrer Prioritätenliste, aber die Vorstandssitzung ist schon morgen.

Sie haben sich gerade an die Arbeit gemacht, als das Telefon klingelt – ein Kunde mit einem schwerwiegenden Problem. Als nächstes bricht in der Fertigung der Betrieb zusammen, und dann wird auch noch ein Kollege plötzlich krank; kurz, an diesem Tag geht alles schief.

Plötzlich verkündet Ihre Sekretärin, dass sie jetzt nach Hause geht. Es kann doch noch nicht fünf sein? Ist es aber. Es dämmert Ihnen mit Schrecken, dass Sie das Gutachten heute Nachmittag nicht mehr schreiben werden. Aber egal, dann eben zu Hause. Das ist zwar nicht ideal, aber auch nicht das erste Mal; es bleibt noch genügend Zeit. Sie bereiten Ihre Sekretärin darauf vor, dass sie morgen als erstes das Gutachten tippen soll.

Daheim angekommen, fühlen Sie sich erschöpft und angespannt. Sie haben einen harten Tag hinter sich. Zur Entspannung trinken Sie einen Schluck. Nach dem Abendessen sehen Sie sich noch die Nachrichten an, schließlich sollte man wissen, was in der Welt geschieht. Auch die Sendung nach den Nachrichten scheint sehr interessant zu sein, und inzwischen sind Sie einfach zu müde für irgendetwas anderes. Sie beschließen, zeitig ins Bett zu gehen und das Gutachten morgen früh um sechs zu schreiben.

Aus irgendeinem Grund kommen Sie am nächsten Tag nicht vor sieben aus dem Bett. Sie schnappen sich ein Stück Toastbrot und stürzen los ins Büro. Es gelingt Ihnen tatsächlich, das Gutachten bis halb zehn fertig zu stellen. Ihre Sekretärin hat gerade noch Zeit, es zu tippen, aber überprüfen kann sie es vor der Sitzung um zehn nicht mehr. Was Sie nun in Händen halten, ist ein schwacher Abglanz dessen, was Sie vor zwei Wochen im Sinn hatten.

Dieses Syndrom wird sehr prägnant im Buch *The Last Minute Manager* umrissen, der Geschichte eines Managers, der alles falsch macht. Daraus stammt auch die folgende wunderbare Beschreibung: »Der Last-Minute-Manager steckt sich hohe Ziele, die er auch fast immer fast erreicht.« Ich weiß nicht, wie es Ihnen geht, aber mir wurde schlecht, als ich das las. Es kam mir so bekannt vor. Warum machen wir das alles?

Wie können Sie solche Situationen und deren Ursachen analysieren?

Um diese Frage zu beantworten, müssen wir das Problem näher betrachten. *Der häufigste Fehler bei der Problemlösung besteht darin, dass man sich auf Symptome konzentriert, statt nach den wirklichen Ursachen zu suchen.* Sie sollten stattdessen jedem Problem systematisch auf den Grund gehen und dann diese Ursache aus der Welt schaffen. Probieren Sie dies doch einmal mit einigen Ihrer für Sie eklatantesten Zeitfresser! Da die meisten dieser Probleme mentaler Art sind, ist diese Übung sehr persönlich. Ich kann Ihnen hier keine Antworten vorgeben. Ich habe jedoch einige Beispiele vorbereitet, die Sie zum Nachdenken anregen sollen.

Bei der Analyse Ihrer Probleme sind Sie sicher versucht, andere dafür verantwortlich zu machen. Dies führt zu nichts, weil Sie sich dadurch in die Opferrolle begeben (»Es ist nicht meine Schuld«) und weil dies die Chancen vermindert, irgendetwas zu verändern. Welche Erfolgsaussichten haben gute Vorsätze für das neue Jahr, die eine Frau für ihren Mann fasst (oder umgekehrt)?

Sind Sie immer noch überzeugt, der Hauptgrund für ein Problem liege woanders (es kommt gelegentlich vor, dass uns die Welt ein Bein stellen will), dann sollten Sie analysieren, in welcher Weise Sie dazu beigetragen haben. Hier einige Problemanalysen:

1. Problem:	Ich habe ein wichtiges Dokument verloren. Warum?
Antwort:	Weil mein Schreibtisch unaufgeräumt ist.

Als oberflächliche Lösung würde es sich anbieten, den Schreibtisch aufzuräumen, doch habe ich bereits darauf hingewiesen, dass ein »Frühjahrsputz« dieser Art weitgehend Zeitverschwendung ist, weil er nur das Symptom behebt. Um das grundlegende Problem zu erkennen, müssen wir die Analyse weiterführen:

Neues Problem:	Warum ist mein Schreibtisch unaufgeräumt?
Antwort:	Weil ich kein gutes Ablagesystem habe.
Neues Problem:	Warum habe ich kein gutes Ablagesystem?
Antwort:	Weil ich keines entwickelt habe.
Neues Problem:	Warum habe ich kein gutes Ablagesystem entwickelt?
Antwort:	Weil ich zu beschäftigt war.
Neues Problem:	Warum war ich zu beschäftigt, um ein gutes Ablagesystem zu entwickeln?

Antwort: Weil ich dazu neige, dringende und leichte Aufgaben den Maßnahmen mit hoher Hebelwirkung vorzuziehen.

Des Rätsels Lösung ist also die Entwicklung eines besseren Systems der Prioritätensetzung, in dem die Entwicklung eines neuen Ablagesystems hohe Priorität erhält.

2. *Problem:* Ich komme manchmal zu spät zu Besprechungen. Warum?
Ich verplane meine Zeit zu knapp und lasse keine Sicherheitsspanne. Warum?
Antwort: Ich will effizient sein und keine Zeit verschwenden.

Mögliche Lösung: Machen Sie sich klar, was es kostet und wie peinlich es ist, wenn Sie immer wieder zu spät kommen. Nehmen Sie sich vor, bei allen künftigen Terminen früher zu erscheinen; nehmen Sie irgendeine leichte Arbeit mit, damit Sie keine Zeit verschwenden.

3. *Problem:* Ich bin überlastet, ich habe viel zu viel zu tun. Warum?
Ich kann schwer nein sagen. Warum?
Ich will gemocht werden. Warum?
Ich fürchte Zurückweisung. Warum?
Antwort: Es fehlt mir an Selbstvertrauen.

Mögliche Lösung: Denken Sie an Ihre Stärken und Fähigkeiten. Was können Sie gut? Welche guten Leistungen haben Sie schon erbracht? Effizient und mit guter Laune mögen Ihre Mitmenschen Sie vielleicht lieber als überlastet und deprimiert. Üben Sie, bestimmt, aber ohne zu kränken nein zu sagen.

4. Problem:	Das Verhältnis zu meiner Familie wird immer schlechter. Warum? Ich bin reizbar. Warum?
Antwort:	Weil ich daran denken muss, wie viel Papierkram ich noch abzuarbeiten habe.

Mögliche Lösung: Entweder Sie vergessen die Arbeit und konzentrieren sich auf die Familie, oder Sie vergessen die Familie und konzentrieren sich auf die Arbeit (wenn es wirklich sein muss). Niemand hat etwas davon, wenn Sie ihrer Familie zwar Zeit widmen, aber emotional voll von Ihren Schuldgefühlen in Anspruch genommen werden. Versuchen Sie nun, analog dazu einige Ihrer Zeitfresser gründlich zu analysieren.

Zeitfresser

- Unzureichendes Kunden-Feedback
- Unterentwicklung entscheidender Kontakte
- Mangelnde Planung
- Schlechte Systeme
- Zu knappe Zeitplanung
- Mangelndes Selbstvertrauen
- Schuldgefühle

Es ist nun an der Zeit, dass wir uns die komplette Liste der Zeitfresser ansehen. Das kann recht schmerzlich sein. Natürlich leidet nicht *jeder* unter *allen* diesen Problemen – davon sind wir weit entfernt –, doch dürfte jeder von uns einige Schwachstellen haben, die in der folgenden Liste erfasst sind.

Zeitfresser

- Unterbrechungen
- Besprechungen
- Telefon
- Krisen und Panik
- Der Chef

- Technische Störungen
- Leuten hinterherjagen
- Mangelnde Mittel
- Papierkorb-Post
- Lesen
- Formulare ausfüllen
- Reisen
- Kollegengespräche
- Mangelnde Qualifikation
- Feuerlöschen macht Spaß
- Vernachlässigung des Brandschutzes
- Tief nach Adrenalinstoß
- Adrenalinsucht
- Routineaufgaben
- Sofortige Belohnung
- Aufschieben
- Überladener Schreibtisch
- Frühjahrsputz am Schreibtisch
- Schlechtes Ablagesystem
- Keine zuverlässigen Listen
- Dinge nicht zu Ende bringen
- Willkommene Unterbrechungen
- Unnötige Unterbrechungen zulassen
- Großraumbüros
- Lesen unwichtiger Dinge
- Mangelhafte Lesefertigkeiten
- Ungenügende Konzentration
- Vergessen
- Unvermögen, zu lernen und sich zu erinnern
- Lange Arbeitszeit
- Ermüdung
- Faulheit
- Schlechtes Zeitgefühl
- Unfähigkeit, nein zu sagen
- Überlange Berichte
- Langweilige Referate
- Geschwätzigkeit

- Mit einfachen Fragen zögern
- Wissen vorspiegeln
- Nicht zuhören
- Vorzeitige Evaluation
- Widerstand gegen Feedback
- Schwächen beim Aufbau des Gesprächskontakts
- Mangelndes Vertrauen in andere
- Alles unter Kontrolle haben müssen
- Mangelnde Förderung der Mitarbeiter
- Identitätskrise
- Sympathiebedürfnis
- Meine Leute haben Probleme mit ihrem Chef
- Angeberei
- Unsicherheit
- Abneigung gegen Konfrontationen
- Mangelhafte Fähigkeiten als Trainer
- Mangelnde Kenntnis der Kundenbedürfnisse
- Übermäßig standardisierter Service
- Unzureichendes Kunden-Feedback
- Unterentwicklung entscheidender Kontakte
- Innovationsträgheit
- Mangelnde Planung
- Schlechte Systeme
- Zu knappe Zeitplanung
- Mangelndes Selbstvertrauen
- Schuldgefühle

Denken Sie auch über folgende Verhaltensweisen nach:

- Wir erledigen die kleinen Arbeiten vor den großen.
- Wir machen, was uns Spaß macht, vor dem, was wir angenehm finden.
- Wir machen das Leichte vor dem Schwierigen.
- Wir machen das Bekannte vor dem Neuen.
- Wir kümmern uns eher um Unterbrechungen als um Prioritäten.
- Wir kümmern uns eher um das Dringende als um das Wichtige.
- Wir bearbeiten die Sachen ganz oben auf dem Stapel eher als die weiter unten.

- Wir kümmern uns eher um kurzfristige als um langfristige Angelegenheiten.
- Wie erledigen eher das, worum andere uns bitten – der Chef, die Kunden, die Kollegen, ja wildfremde Menschen –, als nach unseren eigenen Prioritäten vorzugehen.
- Im schlimmsten Fall arbeiten wir ohne Strategie und klare Ziele, nach untauglichen Systemen und Plänen. Wir lassen uns durch den Tag treiben, hin und her gestoßen von mehr oder minder gravierenden Ereignissen, während uns die Zeit zwischen den Fingern verrinnt.

Warum machen wir das alles? Wieso verlieren so viele ansonsten intelligente Menschen so weit die Kontrolle über ihre Zeit, dass sie umherhetzen, notdürftig ihre Aufgaben erledigen und gerade so über die Runden kommen? Über Zeitmangel klagen die meisten Menschen in unserer Gesellschaft, ohne etwas dagegen zu unternehmen. Warum bloß?

Diese Frage fasziniert mich.

Tipps für Ihren Erfolg:

Bewahren Sie sich ein Gefühl für die Stress-Situationen, die nur aufgrund eines schlechten Zeitmanagements entstehen.
Analysieren Sie die Gründe für Ihr Verhalten.
Ändern Sie es.

20.
Nachträgliche Rationalisierung – ein mentales Problem

Leitfragen

Was ist unter »nachträglicher Rationalisierung« zu verstehen?
Warum schieben Sie die Schuld an Ihrer Situation gerne anderen in die Schuhe?

Was ist unter »nachträglicher Rationalisierung« zu verstehen?

Wie können die Last-Minute-Manager dieser Erde mit den Ergebnissen ihres Verhaltens leben? Wie können sie den ständigen Stress ertragen? Warum erkennen sie nicht, was sie tun? Und warum ändern sie nichts an den Bedingungen?

Meiner Meinung nach überleben wir, indem wir unsere Probleme nach außen verlagern und anderen die Schuld daran geben. *Die »nachträgliche Rationalisierung« scheint mir der allerschlimmste Zeitfresser zu sein, weil wir dadurch unsere eigentlichen Probleme vor uns selbst verstecken.* Was ist darunter zu verstehen?

Aus der Praxis

Leon Festinger hat dies in seinem Buch über »kognitive Dissonanz« wohl am besten illustriert. Festinger besuchte Schallplattenfirmen in den Vereinigten Staaten – angeblich als Berater, der für die Firmen ermittelte, in welcher Stückzahl sie bestimmte Platten pressen sollten. Zur Mitwirkung an dieser »Forschung« lud er Schülerinnen ein, die gebeten wurden, sich zehn brandneue Pop-Scheiben anzuhören und zu beurteilen. Nachdem eine Schülerin alle Platten beurteilt hatte, dankte man ihr für die Hilfe und bot ihr eine der neuen Schallplatten als Belohnung an. Jede Schülerin durfte dabei zwischen zwei der neuen Platten wählen: Durch die Wahl der einen Platte würde sie die andere ablehnen.

Genau in dem Moment, in dem die Schülerin gehen wollte, stürzte ein Assistent im weißen Kittel in den Raum und sagte: »Es tut mir furchtbar leid, aber die Maschine, auf der wir Ihre Urteile aufgezeichnet haben, war defekt und hat alles gelöscht. Würden Sie bitte zurück in die Kabine gehen und die Stücke nochmal beurteilen?«

Nach dieser zweiten Runde verglich das Versuchsteam die in der ersten und zweiten Beurteilung vergebenen Werte. Dabei stieß es auf ein interessantes Phänomen. Acht der zehn Platten hatten in beiden Fällen etwa die gleichen Werte – es gab gewisse Schwankungen, doch diese waren statistisch nicht signifikant. Signifikant war allerdings die Zahl der Fälle, in denen die als Belohnung ausgewählten Platten auf der zweiten Liste etwas höhere Werte erhalten hatten als auf der ersten; die abgelehnten Platten hatten dementsprechend etwas niedrigere Werte. Das Verhalten – die Wahl einer bestimmten Platte – schien also die Einstellung der Schülerinnen zu beeinflussen.

Übertragen wir dies auf einen vertrauten Kontext, der den privaten Bereich betrifft – finden Sie im Geiste eine ähnliche berufliche Situation. Nehmen wir an, ich möchte mir ein Auto kaufen. Ich verschaffe mir einen Überblick über den Markt, auf dem es Dutzende von Fabrikaten und Hunderte von Modellen gibt, ziehe einige in die engere Auswahl, vergleiche diese, mache Probefahrten und treffe schließlich meine Wahl.

Sagen wir der Einfachheit halber, dass sich die engere Auswahl auf zwei Autos beschränkt: Entweder kaufe ich mir einen Sportwagen, mit dem mir das Fahren Spaß machen, der meine Klienten beeindrucken und mein Image aufputzen würde, oder einen großen Kombi, der vielleicht recht langweilig aussieht, aber viel mehr Platz für die Kinder bietet.

Diese beiden Autos sind zwar sehr unterschiedlich, doch ich kann mich trotzdem schwer entscheiden. Für sich besehen erscheinen mir beide gleichermaßen attraktiv. Ich muss jedoch zu einer Entscheidung kommen, und so kaufe ich schließlich den Kombi.

Zwei Monate später sitze ich in einer Bar, als ein Kollege hereinspaziert. Er hat sich einen neuen Wagen gekauft, zufälligerweise genau den Sportwagen, den ich mir fast zugelegt hätte. Er fängt an, mir zu erzählen, dass er durch diesen Wagen wieder Freude am Fahren hat, den Klienten imponiert und so weiter und so fort.

Was geht dabei in meinem Kopf vor? Ich übersetze seine Äußerungen und höre: »Du Dummkopf. Du hast den falschen Wagen gekauft.« Aber diese Aussage gefällt mir nicht, wer möchte sich selbst schon gerne so sehen? Ich glaube nicht, dass ich schlechte Entscheidungen treffe, und da ich auf diese Entscheidung viel selbst verdientes Geld gesetzt habe, gefällt mir umso weniger, was ich höre. Dies ist ein Beispiel für kognitive Dissonanz.

Wie können wir dieses scheußliche Gefühl vermeiden? Die einfache Lösung besteht wohl darin, aufzustehen und meinem Kollegen die nächsten Monate aus dem Weg zu gehen. Aber damit ist das Problem eigentlich nicht aus der Welt geschafft. Ich könnte ihm auch von den Vorzügen meines Wagens erzählen, doch die würden ihn wohl kaum beeindrucken; außerdem hätte ich ja selbst vor zwei Monaten beinahe den Sportwagen gekauft. Kann ich mir also tatsächlich jetzt einreden, das gekaufte Auto sei die bessere und das nicht gekaufte die schlechtere Wahl?

Stattdessen tue ich Folgendes: Während ich den Lobreden zuhöre, die mein Kollege auf seinen neuen Wagen hält, sage ich mir: »Dieser Schwachkopf. Ein neues Spielzeug hat er sich gekauft. Ein Statussymbol. Zum Glück bin ich nicht so wie er. Mir kommt es auf Komfort und Sicherheit an. Ich bin Familienvater.«

Ich kann das Auto nicht ändern, aber *ich kann mich selbst ändern.* Mein Selbstbild und meine Einstellung wandeln sich, sodass ich mein früheres Verhalten ganz locker rechtfertigen kann. Untersuchungen haben gezeigt, dass sich Einstellungen nach einem Kauf stärker ändern können als davor. *Der Kauf wird häufig von emotionalen und psychischen Faktoren bestimmt, aber hinterher durch logische Argumente gerechtfertigt.*

Wirbt Renault heute in der Zeitung mit einer ganzseitigen Farbanzeige für den Kangoo, dann gibt es einen Personenkreis, der diese Anzeige mit fast hunderprozentiger Sicherheit lesen wird – nicht die Leute, die den Kauf eines Renault Kangoo erwägen, sondern die, *die sich unlängst einen gekauft haben.* Auch wenn man vor kurzem ein Haus erworben hat, interessiert man sich brennend für die Immobilienseiten der örtlichen Zeitung, um die aktuellen Preise mit dem Preis zu vergleichen, den man selbst bezahlt hat. Diese Anzeigen befriedigen ein extrem starkes Bedürfnis – das Bedürfnis nach *Bestätigung.* Wir alle verspüren diesen Drang, unser Ego und den Glauben an unser Urteilsvermögen zu untermauern.

Warum schieben Sie die Schuld an Ihrer Situation gerne anderen in die Schuhe?

Andere – Kollegen, Vorgesetzte, Fremde usw. – für gewisse Situationen verantwortlich zu machen, erspart uns die Konfrontation mit unseren eigenen Fehlern. Last-Minute-Manager schieben die Verantwortung für ihre Probleme Störern, dem Chef oder ihrer Branche zu, Leute, die zu spät zu Besprechungen kommen, dem Verkehr, erfolglose Verkäufer den unverständigen Kunden oder der Preispolitik, Manager ihren Untergebenen usw.

Denken Sie jetzt an einen bestimmten Zeitpunkt, der noch nicht allzu lange zurückliegt, an dem Ihnen die Arbeit zum Hals heraushing – vielleicht nur zehn Minuten, vielleicht länger. Versetzen Sie sich ein paar Augenblicke zurück in Ihre damalige Lage. Folgende Fragen helfen Ihnen dabei, machen Sie sich dazu ein paar Notizen:

Fragebogen

- Wann erging es Ihnen so? ....
- Was war der Auslöser? ....
- Wie fühlten Sie sich dabei? ....
- Wie lange hielt die Stimmung an? ....
- Wer hatte sonst noch damit zu tun? ....

Und eine letzte Frage: Ging Ihnen in dem Moment, als Sie Ihrer Arbeit überdrüssig waren, einer der folgenden Gedanken (oder ein ähnlicher) durch den Kopf?

- Es ist schrecklich, für diese Firma zu arbeiten.
- Ich hab ihn mir nicht als Chef ausgesucht.
- Heute ist nicht mein bester Tag.
- Ich kann nichts dafür.
- Ich kann eben nicht alles überwachen.

Haben wir eine Situation glänzend gemeistert, stecken wir mit stolzgeschwellter Brust die Anerkennung ein: »Das war ich. Ich bin ein guter Manager. Das ist meine Leistung.« Haben wir dagegen eine »Niederlage« erlitten, dann tut es weh. Gerne entziehen wir uns diesem unangenehmen Gefühl, indem wir uns als unschuldige Opfer sehen und dem Rest der Welt die Schuld geben. Dies ist eine natürliche, menschliche Reaktion. Die erwähnten Entschuldigungen sind die Ausreden der Verlierer dieser Welt – der Menschen, die es zu nichts bringen. Achten Sie auf Gespräche um Sie herum, und Sie werden allzu oft Äußerungen der folgenden Art hören: »So geht es mir immer«, »Das liegt an unserer Gesellschaft«, »Wenn ich Urlaub habe, dann regnet es«, »Das haben wir der Regierung zu verdanken« – und insbesondere den Refrain »Ich kann nichts dafür.«

Das ist natürlich sehr bequem, denn wenn ich nichts dafür kann, dann muss ich auch nichts ändern. Ich ändere also nichts und bin morgen wieder in der gleichen Lage.

Auf kurze Sicht können wir uns das Leben auf diese Weise sicher erleichtern, doch auf längere Sicht hat dies beträchtliche Nachteile. *Wir müssen lernen, die Entschuldigungen beiseite zu schieben und uns den eigentlichen Problemen zu stellen.*

Sie als aufstrebender Führungsnachwuchs sollten gar nicht erst in diese Opferrolle geraten – Sie sollten von Anfang an genau zwischen den Situationen, für die Sie allein verantwortlich sind, und anderen Situationen unterscheiden.

DIE SCHLECHTE NACHRICHT ist, dass man immer selbst Schuld hat.

DIE GUTE NACHRICHT ist, dass man etwas gegen die Probleme tun kann. Man hat eine Menge Möglichkeiten.

Viele Manager erliegen dem Chaos. Sie lassen sich treiben, wobei auf ihren Schreibtischen das gleiche Durcheinander herrscht wie in ihren Terminkalendern und ihrem ganzen Leben. Sie reagieren nur auf die Ereignisse und klagen, wenn etwas schief läuft. Andere bekommen die Dinge einfach in den Griff. Sie sind immer pünktlich, auf dem Laufenden und dementsprechend gelassen.

Jeder kennt Menschen, die ihre Zeit perfekt einteilen können: die Karrierefrau mit Familie und Kindern, die überdies die Zeit findet, Gäste zum Essen einzuladen, das Vorstandsmitglied, das immer eine halbe Stunde erübrigen kann, wenn es mit jemandem sprechen muss, den Kollegen, der aktiv sechs verschiedenen Hobbys nachgeht.

Meinungsumfragen zeigen, dass Manager sich häufiger über Zeitmangel beklagen als über irgendetwas anderes – ohne zu merken, das dieses Problem *reine Einbildung* ist und im Grunde nur mit Ihrem Selbstmanagement zu tun hat. *Wer sich die Rolle des Opfers aussucht, wird darin bestätigt – eine sich selbst erfüllende Prophezeiung.* Diese Menschen trösten sich mit dem Wissen, dass die Welt ungerecht ist und sie nichts dafür können. Wer den Helden oder die Heldin spielen will, hat eine Chance.

Tipps für Ihren Erfolg:

Reden Sie Ihre Situation nicht »schön« – ändern Sie sie.
Greifen Sie aktiv in das Geschehen ein.
Lösen Sie sich aus der Opferrolle.

21. Gewohnheiten als Störfaktor

Leitfragen

Mit welchen lieb gewonnenen Gewohnheiten haben Sie zu kämpfen?
Wie können Sie sich diese zeitraubenden Rituale abgewöhnen?

Mit welchen lieb gewonnenen Gewohnheiten haben Sie zu kämpfen?

Eine weitere Erklärung für unser offenbar unlogisches Verhalten besteht darin, dass der Mensch einfach ein Gewohnheitstier ist: Was wir gestern gemacht haben, machen wir heute, und was wir gestern »gedacht« haben, »denken« wir heute, obwohl wir einen großen Teil der Zeit eigentlich gar nicht aktiv und bewusst denken. Dies spielt sowohl im privaten als auch im beruflichen Bereich eine große Rolle.

Das Leben setzt sich aus Gewohnheiten zusammen. Ohne Gewohnheiten könnten wir kaum so leben, wie wir leben. Wenn Sie sich morgens anziehen, denken Sie ja nicht: »Jetzt muss ich den Daumen der einen Hand unter das Knopfloch halten, mit Daumen und Zeigefinger der anderen den Knopf nehmen, ihn zum Knopfloch führen und ...« – Sie machen dies, ohne zu denken. Könnten Sie genau und ohne die Schuhe anzurühren beschreiben, was die einzelnen Finger tun, wenn Sie die Schnürsenkel binden?

Aus der Praxis

Denken Sie an das erste Mal, als Sie versuchten, ein Auto zu fahren: Sie mussten den linken Fuß auf das Kupplungspedal stellen, mit der rechten Hand den Schaltknüppel betätigen, mit der linken das Lenkrad festhalten, dabei durch die Windschutzscheibe hinaussehen, lenken, den Rückspiegel im Auge behalten – und dazu redete der Mensch auf dem Beifahrersitz in einer Tour. Dies war ein durchaus furchteinflößendes Erlebnis. Vielleicht dachten Sie, nie mit all diesen Schritten zu Rande zu kommen.

Und – denken Sie heute daran, was Ihre linke Hand oder Ihr rechter Fuß tut (vorausgesetzt, Sie fahren regelmäßig Auto)? Keine Sekunde! Manchmal fahren Sie mehrere Kilometer, während Sie Tagträumen nachhängen oder einen ausgedehnten Dialog führen. Gewohnheiten lassen uns komplexe Aufgaben ausführen und räumen gleichzeitig den Kopf für andere Gedanken frei.

Sie sind deshalb im täglichen Leben von unschätzbarem Wert. *Das Problem dabei ist, dass uns Gewohnheiten immer zum gleichen Ort führen.* Fünf Tage in der Woche verlasse ich morgens um sieben das Haus und fahre zur Arbeit. Am Samstag fahre ich um halb acht auf der gleichen Straße, will aber zum Markt in Berkhamsted. Dazu muss ich an einer Stelle links von meiner Wochentagsroute abbiegen – ein größeres Problem, denn es passiert mir immer wieder, dass ich an der Abzweigung vorbeifahre. *Gewohnheiten laufen im Unterbewussten ab, und es kann deshalb sehr schwer sein, davon loszukommen.*

Ein großer Teil dieses Buchs dreht sich um solche Gewohnheiten, Verhaltensmuster und eingefahrenen Fertigkeiten und fragt nach den Möglichkeiten, die alten zu ändern und neue herauszubilden. Dies ist nicht leicht, doch wenn Sie wirklich die Absicht haben, Verhaltensweisen zu ändern, dann stehen Sie vor diesem Problem. Ich möchte noch ein Beispiel mit Ihnen durchgehen, ehe ich eine Methode beschreibe, die ich äußerst hilfreich finde.

Aus der Praxis

Ich habe früher viel Squash gespielt, häufig mit Managern, die zu meinen Kursen kamen. Eines Tages war ich mit einem Spieler auf dem Court, der sich als Mitglied der kenianischen Squash-Nationalmannschaft herausstellte. Mein Squash konnte da nicht mithalten. Nach ein paar Minuten fragte mein Gegner, ob er mir einige

Tipps geben solle. Gute Sache! Ich lerne gerne, obwohl ich mir nicht immer gerne etwas beibringen lasse.

Als erstes sagte er: »Martin, Sie ragen über dem Ball auf und halten dauernd die Knie steif. Sie können kein anständiges Squash spielen, wenn Sie nicht in die Knie gehen.« Er machte es mir vor, ich übte, und wir spielten weiter.

Als ich auf den Ball zulief, rief er »DIE KNIE!«.

Was, meinen Sie, ist mit meinem Squash passiert? Es hat sich drastisch verschlechtert.

Nach einigen Minuten hielt er mich wieder an und sagte: »Martin, Sie lassen den Schläger vom Handgelenk baumeln. Halten Sie das Handgelenk fest, sodass die Schlagfläche weiter oben ist als die Hand ... so: runter zum Schlag, das Handgelenk unter dem Ball.«

Wir machten weiter. Ich konzentrierte mich voll auf das Handgelenk, und er rief »DIE KNIE!«; ich konzentrierte mich auf die Knie, und er rief »DIE HAND!« Inzwischen traf ich fast keinen Ball mehr.

Doch mein Mitspieler war hartnäckig. Ein paar Augenblicke später fing er wieder an: »Martin, Ihre Rückhand, beim Aufschwung ...« »HÖREN SIE AUF! HÖREN SIE AUF!«, fiel ich ihm ins Wort, »mehr Feedback kann ich wirklich nicht verkraften.«

Wie können Sie sich diese zeitraubenden Rituale abgewöhnen?

Dies ist das Problem, vor dem Sie jetzt stehen. Sie möchten vielleicht einige Gewohnheiten ändern. Dies wird nicht einfach sein. Ich will Ihnen deshalb einen eindringlichen Rat geben: *Versuchen Sie nicht, zu viel auf einmal zu ändern.* Es folgt ein Vier-Stufen-Plan für die Ausbildung einer neuen Fertigkeit oder Gewohnheit:

- **Die erste Phase:**

Sie heißt *unbewusste Inkompetenz* oder auch selige Unwissenheit.

- **Die zweite Phase:**

Ein hilfsbereiter Experte kommt des Wegs und sagt Ihnen, was Sie falsch machen. Diese Phase heißt *bewusste Inkompetenz,* da sich noch nichts geändert hat. Vielleicht sind Sie ein wenig unzufriedener als vorher, weil Sie jetzt wissen, was sie falsch machen, und möglicherweise beginnt sich Ihre Leistung zu verschlechtern, wenn Sie darüber nachdenken.

- **Die dritte Phase:**

Nun folgt die *bewusste Kompetenz,* ein äußerst quälender Zustand. Sie machen es jetzt richtig, aber nur, weil es Ihnen jemand gesagt hat. Jeder, der einmal lernen wollte, den Golfschläger anders zu halten, die Krawatte anders zu binden oder sich einen anderen Vortragsstil anzueignen, weiß, wie man sich dabei fühlt. Und fast ausnahmslos bringt man dabei nicht viel zuwege ... am Anfang.

- **Die vierte Phase:**

Doch man erwirbt sich eine neue Fertigkeit nur, wenn man sie so lange übt, bis man nicht mehr mitdenken muss. Dies ist die Phase der *unbewussten Kompetenz.*

Niemand kann sich an einem einzigen Tag eine komplexe Fertigkeit aneignen, am allerwenigsten aus einem Buch. Jede Fertigkeit – sei es Golf, das Sprechen vor Publikum oder ein gut funktionierendes Zeitmanagement – eignet man sich am besten Schritt für Schritt an.

Das Problem besteht darin, dass wir zu schnell aufgeben, sobald es unangenehm wird, vor allem, wenn wir keine sofortige Verbesserung feststellen. Uns fehlt ein promptes Erfolgserlebnis. Da vieles von dem, was wir regelmäßig tun, aufgrund von Gewohnheiten und Verhaltensmustern reibungslos abläuft, bereitet uns jede Änderung so lange Schwierigkeiten, bis wir neue Gewohnheiten entwickelt haben. *Alles ist schwer, ehe es leicht wird.* Beobachtet man Anfänger beim Golfspielen, frei Sprechen oder Präsentieren, ist schon das Zusehen frustrierend. Anfänger machen es sich schwer. Jede Bewegung ist steif und überlegt. Dies gilt auch für Anfänger im Management, Delegieren oder Verkaufen.

Jede Verbesserung setzt eine Veränderung voraus, und jede Veränderung ist eine beunruhigende Abkehr von alten Fertigkeiten – so beunruhigend, dass wir häufig am liebsten beim alten Trott bleiben würden, auch wenn uns bewusst ist, welche Risiken diese Einstellung birgt.

Letztlich aber führt das Erlernen einer Fertigkeit zur Meisterschaft. Die wahren Profis auf jedem Gebiet lassen alles ganz leicht aussehen.

Sieht man einem wirklich geschickten Verkäufer zu, kann man nur staunen: Er steuert den Kunden durch das Gespräch, registriert nicht nur dessen Äußerungen, sondern auch Intonation, Wortwahl, Metaphern, Haltung, Atmung, Änderungen des Hauttons und andere Anzeichen der Gemütsbewegung. Wie in aller Welt kann er gleichzeitig so viele komplexe Informationen verarbeiten?

Weil es leicht ist. So leicht wie Auto fahren. So etwas wird niemandem in die Wiege gelegt. Der Verkäufer hat sich diese Meisterschaft in vielen Jahren erworben. Michelangelo soll gesagt haben: »Wenn die Leute wüssten, wie schwer ich mir meine Meisterschaft erarbeitet habe, erschiene sie ihnen wohl weniger erstaunlich.«

Wir müssen an den entsprechenden Fertigkeiten arbeiten. Wie alle Fertigkeiten sind sie lernbar, und meistern wir sie, dann schreiten wir von Spannung und Stress zu Gelassenheit und Effektivität. Mit diesem Ziel vor Augen werden Sie die notwendigen Änderungen Ihrer Gewohnheiten vielleicht mit mehr Schwung angehen.

Denken Sie daran, wie viel Freude die Dinge machen, die man gut kann – sei dies Kochen, Karaoke, Tennis, Verkaufen oder Partys geben. Jede Fertigkeit lässt sich so weit entwickeln, dass sie Vergnügen bereitet. Der Gedanke daran, drei Stunden vor einer Gruppe von 36 Managern sprechen zu müssen, würde bei manchen Menschen vielleicht zur völligen Lähmung führen. Als eher introvertiertem Typ ging es mir früher genauso, doch das ist mein Beruf, und ich habe hart daran gearbeitet. Und heute beherrsche ich meinen Job.

Aller Anfang ist schwer. Die dritte Phase des Prozesses – die bewusste Kompetenz – kann sich beträchtlich hinziehen, doch allmählich wird alles leichter und angenehmer. Sie werden die Bereiche, in denen Sie sich wohl fühlen, erweitern und neue, produktivere Gewohnheiten entwickeln.

Lernen kann uns so stark motivieren wie kaum etwas anderes. Die Entwicklung und Ausübung einer neuen Fertigkeit kann ungeheuer befriedigend sein, und das Gefühl der Kontrolle, das daraus erwächst, wirkt Wunder für die Selbstachtung. Wer zu lernen aufhört, wird langweilig und zynisch.

Tipps für Ihren Erfolg:

Beschließen Sie, was Sie ändern wollen, und ändern Sie dies sofort.
Versuchen Sie nicht, zu viel auf einmal zu ändern.
Legen Sie klare und messbare Leistungsnormen für Ihr neues Verhalten fest.
Lassen Sie keinerlei Ausnahmen zu.
Rechnen Sie nicht mit sofortigen Verbesserungen.

22.
Zielsetzung und Werte

Leitfragen

Worin besteht die Bedeutung klarer Ziele?
Welche Ziele können Sie für sich formulieren?
Welche Werte sind Ihnen wichtig?
Wie finden Sie etwas über Ihre Ziele und Werte heraus?

Worin besteht die Bedeutung klarer Ziele?

Was wollen Sie im Leben erreichen? Nur wenige schaffen es, diese Frage konkret zu beantworten. Aber weiß man nicht, wohin man im Leben gelangen will, dann landet man wahrscheinlich irgendwo anders. Wenn Sie beispielsweise recht schwammige Vorstellungen von Ihrem Platz in einer Werbeagentur haben, sitzen Sie vielleicht eines Tages im Controlling statt im kreativen Bereich.

Optimales Zeitmanagement ist jedoch nur möglich, wenn wir wissen, was wir erreichen wollen. *Ziele geben der Zeit Bedeutung und stellen einen Rahmen für die Entscheidungen bereit, die wir treffen müssen.* Zeitmanagement ohne klare Ziele ist reiner Unsinn. Diese Ziele müssen aus dem Inneren kommen. Es ist leicht, solche Sinnfragen zu stellen, aber viel schwerer, sie zu beantworten.

Würde ich Ihnen befehlen, von nun an bis an Ihr Lebensende glücklich zu sein, was würden Sie dann tun? Viele denken an blauen Himmel, Sonne, Meer und Sand, wenn sie sich das Paradies auf Erden vorstellen ... doch wie lange wäre dies paradiesisch? Auch die einsame Insel kann zum Gefängnis werden.

Viele Menschen ohne tieferes Zielbewusstsein bringen einiges zuwege: Sie schreiben Briefe, füllen Formulare aus, nehmen Anrufe entgegen und haken auf Listen die Dinge ab, die sie erledigen wollen. Kurzfristig geht es ihnen gut dabei, da sie sehen, dass etwas vorangeht. Aber ohne tieferes Zielbewusstsein kann diese »Geschäftigkeit« und Routine ebenfalls zum Gefängnis werden. Fragt man ältere Menschen, was sie bereuen, sprechen sie meist von Dingen, die sie in ihrem Leben nicht getan haben.

Kennen Sie gelangweilte, müde, energielose Menschen? Fragen Sie diese nach ihren Zielen, erhalten Sie wahrscheinlich keine realistischen Antworten. Ziellosigkeit ist eine bedeutende Ursache von Depressionen. Menschen dieses Typs verzichten auf Visionen, um sich vor Enttäuschungen und Fehlschlägen zu schützen; sie entscheiden sich für die Sicherheit und Vertrautheit des Status quo, die sie aufgeben müssten, würden sie sich Ziele setzen und auf diese hinarbeiten.

Es gibt drei Kategorien von Menschen:

- diejenigen, die Dinge zuwege bringen,
- diejenigen, die dabei zusehen,
- diejenigen, die fragen, was passiert ist.

In welche Kategorie reihen Sie sich ein?

Durch Ziele werden wir uns selbst verantwortlich. Sie liefern uns einen Maßstab für die Beurteilung unseres Handelns. Die Festsetzung und Verfolgung von Zielen bedeutet, dass wir Risiken eingehen und gewisse Energie darauf verwenden. Erhalten Arbeit und Leben durch diese Ziele mehr Sinn, dann wirken sie motivierend und geben uns Kraft. Der Weg zur Erfüllung ist selten angenehm, und der erste Schritt muss immer die Zielsetzung sein.

Für die meisten unter uns ist die Arbeit nicht das ganze Leben. Hin und wieder begegne ich aber Menschen, die sich völlig der Arbeit verschrieben haben. Sie beschränken sich auf die Entwicklung eines kleinen Teils ihres Potenzials und scheinen eine wichtige Beförderung auch dann als Erfolg zu definieren, wenn diese mit dem Scheitern ihrer Ehe und Magengeschwüren verbunden ist. Manchmal müssen sie erst von einer tiefgreifenden Lebenskrise erschüttert werden, ehe sie erkennen, dass das Leben nicht nur aus Arbeit besteht. Andere lernen früher, dass ein glückliches Leben ein ausgeglichenes Leben ist. Weil dies so ist, werde ich die Zielsetzung unter vier Aspekten betrachten: persönliche Ziele, familiäre Ziele, Karriereziele und soziale Ziele.

Welche Ziele können Sie für sich formulieren?

Persönliche Ziele

Wären Sie gerne schlanker und besser in Kondition? Würden Sie gerne schneller lesen, eine andere Sprache beherrschen oder besser Squash spielen? Gibt es ein Hobby, das Sie schon immer im Auge hatten? Viele von uns träumen von solchen Dingen. Diese Träume begleiten uns durchs Leben, ohne dass wir etwas für ihre Realisierung tun.

Ich zum Beispiel würde gern mein Französisch verbessern. Das sage ich schon seit Jahren, aber ich habe meinen Worten noch nie Taten folgen lassen.

Unser Leben ist voller Bücher, die wir nie gelesen, und voller CDs, die wir nur einmal angehört haben; die teure Stereoanlage dient nur zur Hintergrundberieselung. Denken wir nun noch an die Filme, die wir auf Video aufgenommen, aber nie angesehen haben, und an das Fahrrad und die Rudermaschine, auf denen sich der Staub sammelt, dann sind wir wieder beim Feuerlöschen und geschäftigen Treiben – wir übertragen den inkonsequenten Arbeitsstil auf den häuslichen Bereich.

Manche Menschen vernachlässigen persönliche Ziele, weil sie meinen, damit würden sie nur sich selbst verwöhnen; stattdessen entscheiden sie sich dafür, anderen zu dienen. Das kann man wohl kaum gutheißen. Meiner Meinung nach ist die persönliche Entwicklung ein extrem wichtiges Ziel.

Viele der in diesem Buch angesprochenen Probleme wurzeln letztlich in mangelndem Selbstvertrauen. Nur wenn wir mit der Entfaltung unseres gesamten menschlichen Potenzials beginnen, entwickeln wir die Kraft, der Familie starke Liebe entgegenzubringen, nur so erwerben wir das Selbstbewusstsein, »Ich weiß nicht« zu sagen, und nur so werden wir gute Lehrer, Manager und Eltern. Wir sind dann viel eher dazu in der Lage, anderen zu helfen. *Erwarten Sie nicht, dass andere Sie glücklich machen – dies ist Ihre Sache.* Gönnen Sie sich einige persönliche Ziele, und nehmen Sie sich etwas Zeit dafür.

Familiäre Ziele

Alle Manager sollten sich regelmäßig folgende Fragen stellen: »Halte ich das rechte Gleichgewicht zwischen Arbeit und Familie? Tue ich genügend für die Menschen, die mich lieben, brauchen und auf mich angewiesen sind? Widme ich ihnen genügend Zeit und Energie, oder bekommen sie nur, was übrig bleibt, wenn ich sonst nichts Besseres zu tun habe?«

Ich bin entsetzt darüber, wie häufig auch junge Führungskräfte mir als erstes Ziel nennen: »Ich möchte mehr Zeit mit meiner Familie verbringen.« Könnte auch Ihre erste Antwort so lauten, dann sorgen Sie um Himmels willen dafür, dass dies kein Traum bleibt. Familien halten nicht ewig: Die Kinder wachsen unglaublich schnell heran, und Beziehungen können scheitern.

Eine junge Mutter brachte am Vorabend des Tages, an dem die Oma zu Besuch kommen sollte, ihre kleine Tochter ins Bett: »Morgen besucht uns jemand, den du sehr gut kennst.« Das kleine Mädchen sah freudig auf und sagte: »Ist es Papa?«

Wenn das schmerzt, dann tun Sie etwas dagegen. Fragen Sie sich:

- Was kann ich tun, um die Bande der Liebe zu stärken, die mich mit meiner Familie verbinden?
- Was kann ich tun, um das Selbstvertrauen jedes Mitglieds meiner Familie zu fördern?

Karriereziele

Wie weit wollen Sie es beruflich bringen? Werden Sie es »bis ganz nach oben« schaffen? Viele zweifeln daran, ob sie die Intelligenz, die Qualifikation und das Durchhaltevermögen dafür besitzen, bis zur Spitze aufzusteigen. Als Erkenntnis meiner Arbeit mit einem breiten Spektrum von Managern der verschiedensten Ebenen kann ich Ihnen versichern, dass es dabei *nicht auf einen Faktor allein ankommt.* Mit einer erfolgreichen Karriere hängt vieles zusammen – auf jeden Fall Zielbewusstheit, Dynamik und Energie und vielleicht auch harte Arbeit; Intelligenz beispielsweise gehört jedoch nicht unbedingt dazu. Viele intelligente Menschen bringen es zu nichts, während manche trotz erstaunlich geringer Intelligenz durchaus sehr weit kommen.

Zahlreiche Manager sprechen so von ihrer Karriere: »Mir gefällt mein jetziger Job recht gut. Wenn man mir die Beförderung anbietet, würde ich sie wohl annehmen, aber wenn ich nicht befördert werde, mache ich mir auch keine Sorgen.« Spricht so ein Mensch, der auf dem Weg an die Spitze ist? Wer diese Haltung einnimmt, wird darin nur bestätigt.

Andere Typen – darunter auch viele Frauen – haben die Wettkampfatmosphäre in vielen rein männlich besetzten Vorstandsetagen geschnuppert und möchten solch einem Verein lieber nicht beitreten. Wie soll sich so etwas ändern? Hohe Führungskräfte legen sich manchmal eine Aura der Macht und Unfehlbarkeit zu, verstecken sich hinter enormen Schreibtischen und tragen elegante Anzüge: All dies kann in den unteren Ebenen Gefühle der Unterlegenheit wachrufen. Lernt man sie jedoch persönlich näher kennen, erweisen sich diese Spitzenleute oft als Menschen wie du und ich.

Der Lohn für die Sieger ist kolossal – sowohl finanziell als auch im Hinblick auf die Arbeitszufriedenheit. Spitzen-Führungskräfte, die 80 Stunden in der Woche arbeiten, tun dies nicht, weil sie sich dazu gezwungen sehen, sondern aus Vergnügen. *Auch Sie können es bis an die Spitze schaffen, wenn Sie wirklich wollen, doch müssen Sie sich dafür klare Ziele stecken und einige Opfer bringen.*

Sicherlich steht nicht bei allen die große Karriere auf dem Programm. Man sollte sich in diesem Fall aber ebenso fragen, was der Beruf bringen soll und was man dazu beitragen kann: Stecken Sie sich in jedem Fall klare Ziele.

Soziale Ziele

In unserer Eigenschaft als Bürger gehören wir alle zu einer größeren Gemeinschaft, und wir sollten uns fragen, was wir persönlich zu dieser Gemeinschaft beitragen können. Als Manager haben wir viel zu bieten. Engagieren wir uns nicht, dann wirkt sich dies nachteilig auf das öffentliche Leben aus und schadet letztlich auch uns selbst. In den Vereinigten Staaten setzen sich die meisten Manager für unterschiedliche soziale Belange ein, während in Deutschland die Verbindung von Karriere und sozialem Engagement noch nicht sehr weit verbreitet ist.

Solch ein Engagement muss nicht unbedingt darin bestehen, dass wir dem örtlichen Elternbeirat beitreten, dessen endlose Sitzungen für manche offenbar der gesellschaftliche Höhepunkt der Woche sind. *Überlegen Sie sich, welche Fähigkeiten Sie zu bieten haben und wie sich diese ohne großen Zeitaufwand effektiv zum Nutzen der Gemeinschaft einsetzen ließen.*

Je älter wir werden und je höher wir steigen, desto stärker beurteilen wir uns im Lichte dessen, was wir zum Leben anderer beigetragen haben. Menschen, die eine Möglichkeit gefunden haben, ihre Energien und Fähigkeiten einzusetzen, berichten mir häufig, dass dies zu einem Eckpfeiler ihres Lebens und einem der wichtigsten Ereignisse der Woche geworden ist. Das Leben erhält für sie dadurch noch mehr Sinn.

Also: Welchen Beitrag könnten Sie für die Gemeinschaft leisten?

Welche Werte sind Ihnen wichtig?

Wir alle besitzen Werte, die dem Leben Sinn geben, unser Verhalten prägen, uns mit der Menschheit verbinden und bestimmen, wofür wir letztlich kämpfen.

Werte sind entscheidend für den Impuls, sich hervorzutun. Sie sorgen für die Begeisterung, das Engagement und die erstaunliche Energie, die unser Verhalten bestimmt: »Gebt mir einen Standpunkt, und ich versetze die Welt.« Dieser Standpunkt muss das sein, woran Sie wirklich glauben: Ihre Werte.

Doch wie sehen diese aus?

Was sind Ihre Werte?

Wer sind Sie?

Nur wenige Werte sind absolut und unveränderbar. Die gesellschaftlichen Werte des beginnenden 21. Jahrhunderts unterscheiden sich stark von denen, die 200 Jahre früher Gültigkeit hatten. Deutschland hat andere gesellschaftliche Werte als Japan, der Iran oder Frankreich, und auch Ihre persönlichen Werte unterscheiden sich von jenen anderer in Ihrer Gesellschaft und können sich im Laufe der Zeit durchaus wandeln.

Es gibt keinen größeren Druck als den von innen; er prägt unser Leben und beeinflusst unsere Reaktionen in allen Lebenslagen – beruflich und privat.

Wir sind am glücklichsten, wenn wir unseren Werten gemäß leben können, unsere Handlungen mit unseren Werten übereinstimmen, und wir leiden – bewusst, häufiger aber unbewusst –, wenn diese Übereinstimmung fehlt. Der erste Schritt, um diese Übereinstimmung zu erreichen, besteht darin, die eigenen Werte zu erkennen. *Wir alle besitzen Werte, doch nur wenige können sie beschreiben.*

Die meisten benennen auf die Frage nach ihren Werten erstrebenswerte Prinzipien, nach denen sie eigentlich leben sollten, nicht jedoch die, denen sie im Alltag tatsächlich folgen. Diese Prinzipien haben wir häufig früh von Eltern, Lehrern, Kirche und Gesellschaft übernommen, wobei anzunehmen ist, dass diejenigen, die sie uns »beibrachten«, wiederum nur Prinzipien artikulierten, die sie für uns als erstrebenswert erachteten. Kompliziert, nicht wahr? Wir akzeptierten viele dieser Vorstellungen als Tatsachen und fügten sie in unser Unterbewusstes ein. Später haben wir manchmal das unbestimmte Gefühl, dass unser Verhalten hinter diesen Idealen zurückbleibt. Wenn wir nicht aufpassen, untergräbt dies unsere Selbstachtung und lässt uns mit Schuldgefühlen zurück. Aber Selbstachtung ist lebenswichtig, und Schuldgefühle sind reine Zeitverschwendung.

Wir alle tun hin und wieder Dinge, die uns Unbehagen bereiten. Wir können dann nicht schlafen, werden reizbar, stehen unter Stress, fürchten, dass die Sache herauskommt und würden uns deshalb am liebsten in den Hintern treten. Immer wenn es Ihnen so geht, sind Sie auf einen Ihrer Werte gestoßen. Gehen Sie folgendermaßen vor: Fördern Sie ihn zutage, artikulieren Sie ihn, stellen Sie ihn auf die Probe. Glauben Sie wirklich daran? Falls ja, gibt es für Sie einen realistischen Weg, danach zu leben? Oder haben Sie diesen Wert blind übernommen und sind ihm eigentlich gar nicht verpflichtet? In diesem Fall legen Sie ihn ab.

Wir müssen unsere eigenen Werte entdecken. Jeder von uns hat einen bestimmten Punkt, an dem er sagt: »Nein, das ist falsch. Das werde ich nicht tun.« Auch im Job gibt es immer wieder Situationen, in denen Sie deutlich spüren, dass Ihre Schmerzgrenze erreicht ist. Hören Sie auf diese innere Stimme! Auf irgendeiner Ebene sind wir alle ethische Geschöpfe. *Wir müssen unsere eigenen, wahren Werte entdecken, weil wir durch sie definiert werden und dieses Selbstkonzept unser Verhalten stark beeinflusst.* Unsere wichtigste Pflicht im Leben ist es, uns selbst treu zu bleiben. Wir müssen lernen, uns selbst zu vertrauen. Mit dieser Sicherheit und diesem Trost im Inneren können wir es mit der Ungewissheit und Ungerechtigkeit in der Welt aufnehmen. Stecken wir unsere ideale Zukunft ab, dann artikulieren wir unsere Werte, und entdecken wir unsere innersten Werte, dann bestimmen wir dadurch unsere bevorzugte Zukunft und geben uns selbst die Erlaubnis, darauf hinzuarbeiten.

Im nächsten Abschnitt folgen einige Übungen, die Ihnen bei der Erforschung Ihrer Ziele und Werte helfen können.

Wie finden Sie etwas über Ihre Ziele und Werte heraus?

1. Übung: Zeichnen Sie Ihre Lebenslinie

1. Legen Sie ein Blatt Papier quer und markieren Sie den Unterrand als Skala von 0 bis zum heutigen Tag und zehn Jahre in die Zukunft.
2. Zeichnen Sie darüber eine Linie, die Ihren bisherigen Lebensverlauf von der Geburt bis zum heutigen Tag darstellen soll. Sie wird wahrscheinlich in irgendeiner Weise auf und ab verlaufen. Zeichnen Sie diese Linie jetzt gleich, ohne vorher weiterzulesen.
3. Schreiben Sie zu jeder Spitze, jeder Talsohle, jedem Wendepunkt und sonstigen auffallenden Stellen im Kurvenverlauf, was diese bedeuten.

4. Versuchen Sie jetzt (nicht vorher) zu beschreiben, was Sie auf der Senkrechten messen.
5. Zeichnen Sie dann die Linie für die nächsten zehn Jahre.
6. Listen Sie abschließend die Annahmen auf, von denen Sie bei dieser Zukunftsprojektion ausgegangen sind.

2. Übung: Höhepunkte meines Lebens

1. Suchen Sie sich ein ruhiges Plätzchen und denken Sie an die letzten Jahre. In welchen Zeiten waren Sie am zufriedensten, am glücklichsten und am stärksten motiviert?
2. Suchen Sie sich eine bestimmte Zeit (Zeitpunkt/Lebensphase) aus, in der Sie sehr glücklich waren. Entspannen Sie sich, schließen Sie die Augen und versuchen Sie, sich in die damalige Stimmung zurückzuversetzen.
   - Inwiefern fühlten Sie sich gut?
   - Wie wirkte sich dieses Gefühl auf Sie aus?
   - Wer hatte damit zu tun?
   - Was haben Sie sonst noch davon in Erinnerung?
3. Wann haben Sie das letzte Mal etwas Ähnliches empfunden?
4. Was können Sie tun, um in Zukunft häufiger solche Situationen herbeizuführen?
5. Wiederholen Sie diese Übung mehrmals, wobei Sie jedes Mal an ein anderes schönes Erlebnis denken, aus dem beruflichen wie aus dem privaten Bereich.

3. Übung: Schreiben Sie Ihren Nachruf

Zeitungen bereiten die Nachrufe berühmter Persönlichkeiten vor, während diese noch quicklebendig sind. Diese Nachrufe werden dann regelmäßig auf den neuesten Stand gebracht. Das ist auch für Sie eine interessante Übung.

1. Verfassen Sie Ihren eigenen Nachruf. Verwenden Sie dabei die dritte Person, beginnen Sie also so: »Jan Nielsen, geboren am ...«. Beschreiben Sie Ihr Leben objektiv und an Tatsachen orientiert, so wie andere es sehen würden, verwenden Sie die Vergangenheitsform.

2. Wenn Sie damit fertig sind, hängen Sie ein Postskriptum über die folgenden zwei Jahre an: Was würden Sie gerne über diese 24 Monate schreiben können? (Bleiben Sie bei der dritten Person und der Vergangenheitsform.)

4. Übung: Investitionsrechnung

Sie werden gebeten, in ein Unternehmen zu investieren; dazu stellen Sie drei Fragen:

- Was macht dieses Unternehmen?
  Antwort: Wissen wir noch nicht genau. Wir hatten noch keine Zeit, darüber zu entscheiden.
- Was sind seine Stärken?
  Antwort: Nichts Besonderes.
  Was sind seine Schwächen?
  Antwort: Oh, da gibt es eine Menge, die kann man gar nicht alle aufzählen.

Würden Sie auf dieser Basis investieren? Die Antwort lautet ja – Sie investieren bereits: Sie selbst sind dieses Unternehmen. Versuchen Sie es noch einmal mit diesen Fragen:

1. Was sind ihre Stärken?
   Was haben Sie im Leben erreicht?
   Auf welche Ihrer Leistungen sind Sie stolz?
   Welche Stärken haben zu diesen Erfolgen beigetragen?

Legen Sie eine Liste aller verdienten und unverdienten Komplimente an, die man Ihnen in den letzten Jahren gemacht hat (nur keine Zurückhaltung, die Liste ist allein für Ihre Augen bestimmt).

2. Was sind Ihre Schwächen?
   Welche Fehler haben Sie gemacht?
   Welche Ihrer Handlungen haben Sie traurig gestimmt?
   Welche Schwächen haben zu diesen Problemen beigetragen?

Listen Sie alle berechtigten und unberechtigten Kritikpunkte auf, die man gegen Sie vorgebracht hat.

3. In welches Unternehmen haben Sie investiert?
4. Was werden Sie nun tun?

5. Übung: Treten Sie in Dialog mit sich selbst

Stehen Sie vor einem Dilemma – wissen Sie zum Beispiel nicht, welche von zwei Handlungsweisen Sie wählen sollen –, dann stellen Sie sich zwei verschiedene Ausgaben Ihrer selbst vor, die jeweils eine der Handlungsweisen repräsentiert. Sie könnten zum Beispiel Ihr ehrgeiziges Karriere-Ich dem häuslichen Familien-Ich gegenüberstellen, Ihr logisches, rationales Ich dem spontanen, emotionalen, oder – wenn es ums Diäthalten geht – Ihr schlankes Ich dem maßlosen.

Lassen Sie einen dieser Persönlichkeitsaspekte einen anderen direkt ansprechen und den jeweils anderen darauf antworten (am besten schriftlich oder auf Band). So wird sich ein sehr interessanter Dialog entwickeln.

Sie können den gesamten Dialog auf einmal konstruieren oder, wenn Ihnen dies lieber ist, mit einer längeren Eröffnungsrede aus Ihrer derzeitigen Verfassung heraus beginnen und mit der Antwort warten, bis Sie in der geeigneten Stimmung dafür sind. Der Vorgang kann sich so über mehrere Wochen hinziehen.

Gebildete Menschen neigen oft dazu, vor Gefühlen davonzulaufen und sich davor zu verstecken, indem sie jeden Sachverhalt sofort theoretisieren und das Ganze so rationalisieren. Doch das Gehirn ist schlau: Es handelt mit Denkarten und falscher Logik, die uns gefangen nehmen können. Wir bringen nichts Gutes zuwege, wenn wir uns nicht danach *fühlen,* und deshalb sind Gefühle mächtig und kostbar. Versuchen Sie, Ihre Gefühle zu spüren: Sind Sie in Hochstimmung oder frustiert, dann hinterfragen Sie diese emotionale Anteilnahme so lange, bis Sie auf etwas stoßen, was von Herzen kommt. Lernen Sie, auf sich selbst zu hören und darauf zu achten, wie sich Ihre Werte im Laufe der Zeit ändern.

Das Orten der innersten Werte ist schwer, doch noch viel schwerer ist es, danach zu leben. Einer, der dies geschafft hat, war Benjamin Franklin. Nach reichlicher Überlegung kam er auf eine Liste von zwölf Werten: Selbstbeherrschung,Verschwiegenheit,

Ordnung, Entschlossenheit, Genügsamkeit, Fleiß, Aufrichtigkeit, Gerechtigkeit, Mäßigung, Reinlichkeit, Gelassenheit, Keuschheit.

Später fügte er einen dreizehnten hinzu: Bescheidenheit. Er konzentrierte sich angeblich jeden Tag auf einen dieser Werte und soll gesagt haben, dass ihm dieser dreizehnte Wert immer dann entglitt, wenn er in den übrigen zwölf sein Ziel erreichte.

Was zählt, ist nicht das Vorhaben selbst, sondern das Engagement. Stellen Sie sicher, dass Ihre Ziele tatsächlich mit Ihnen übereinstimmen. Vergewissern Sie sich, ob Sie diese wirklich erreichen wollen. Schreiben Sie Ihre Ziele auf, damit Sie regelmäßig nachlesen können, worum es Ihnen geht, Verwenden Sie dazu immer positive Formulierungen: »Ich werde …« Wer nicht damit rechnet, seine Ziele zu erreichen, wird sie auch nicht erreichen.

Wir werden zu dem, was wir denken. Die Forschung hat viele Beweise dafür erbracht, dass geistige Übung eine der besten Trainingsarten ist. Die meisten Spitzensportler stellen sich ausgiebig vor, wie sie alle Schranken durchbrechen, und auch wer die Kunst des öffentlichen Vortrags erlernt, sieht sich im Geiste als glänzenden Redner. Gestehen Sie es sich zu, regelmäßig davon zu träumen, dass Sie Ihre Ziele erreicht haben. Es gibt ein altes spanisches Sprichwort: »Wer keine Luftschlösser baut, wird nirgendwo ein Schloss bauen.«

Das Leben ist ein Marathon, kein Sprint. Manche Ziele sind erreichbar, und sie bilden die Meilensteine entlang unseres Wegs; andere sind entfernter – sie geben uns die Richtung vor und liefern die Grundlage für unsere Entscheidungen.

Marathonläufer kennen ihr Ziel, doch sie konzentrieren sich auf den Prozess des Laufens. Dies führt uns zum Thema Planung.

Tipps für Ihren Erfolg:

Formulieren Sie für alle Lebensbereiche klare Ziele.
Unterscheiden Sie zwischen fremdbestimmten und selbstbestimmten Zielen.
Machen Sie Ihre Werte zu einem festen Bestandteil Ihrer Lebensplanung.

23.
Strategische Planung

Leitfragen

Wie können Sie das Erreichen Ihrer Ziele planen?
Wie arbeiten Sie mit der Kraftfeldanalyse?

Wie können Sie das Erreichen Ihrer Ziele planen?

Ein altes chinesisches Sprichwort sagt: »Es genügt nicht, zum Fischen an den Fluss zu gehen. Man muss ein Netz mitnehmen.«

Ein Ziel ohne Plan ist nur ein Traum. Kein *Unternehmen* würde Ziele festlegen, ohne den Weg dorthin zu planen – doch genau dies tun viele *Menschen.* Und viele Menschen wissen oft auch im Job nicht so genau, wie sie die begehrte Beförderung, die Leitung des Teams etc. erreichen sollen.

Stellen Sie sich vor, Sie gehen an einem Kanal entlang. Sie kommen um eine Biegung und sehen, wie ein Kind ins Wasser fällt, das nicht schwimmen kann. Niemand sonst ist in der Nähe. Vermutlich würden Sie sofort zu diesem Kind laufen und alles tun, um es zu retten, sogar selbst in den Kanal springen, wenn es sein muss. Sie würden das Handeln mit Sicherheit nicht hinauszögern. Warum?

- Das Ziel ist klar.
- Die notwendige Maßnahme ist offensichtlich.
- Sie wissen, dass Sie verantwortlich sind.
- Das Ergebnis ist vorhersehbar.
- Sie werden unmittelbares Feedback erhalten.

Damit haben wir das Rezept des Handelns, die Formel für eine gute Planung. *Das Planen soll uns die Handlungen erleichtern, die auf ein Ziel hinführen.* »Ich möchte mein Französisch verbessern« ist vielleicht ein ehrenwertes Ziel, sagt mir aber nicht, wie ich es umsetzen kann. Der erste Schritt muss sicherlich die Entscheidung darüber sein, ob ich an einem Abendkurs teilnehme oder einen PC-Kurs kaufe oder für eine Weile nach Frankreich gehe. Vorher geschieht überhaupt nichts.

Jeder Plan sollte aus einem klaren Ziel und einer Reihe von Maßnahmen mit folgenden Eigenschaften bestehen:

- eindeutig identifizierbar
- messbar
- mit Zeithorizont
- mit Meilensteinen zur Erfolgskontrolle
- mit Feedback-Schleifen

Wir vernachlässigen wichtige berufliche und private Ziele oft deshalb, weil sie uns zu umfassend erscheinen und wir nicht wissen, wo wir ansetzen sollen. So finden sich immer neue Gründe, sie weiter hinauszuschieben.

Die meisten Manager leiten einen Großteil ihrer Motivation aus dem Gefühl ab, etwas geleistet zu haben. Man erhöht die Chancen, seine Ziele zu erreichen, indem man jedes in eine Reihe realistischer Phasen untergliedert. Was genau werden Sie Schritt für Schritt unternehmen, um einem bestimmten Ziel näher zu kommen? Beispiele: die Leitung eines Projektteams, die Verbesserung rhetorischer Fähigkeiten, die nächsthöhere Position usw.

Da Termine uns häufig die Prioritäten vorschreiben und ein Gefühl der Dringlichkeit entstehen lassen, sollte jeder Abschnitt des Plans zeitlich begrenzt werden: Bis wann wird das erledigt? Außerdem muss jeder Abschnitt anhand einer Leistungsnorm messbar sein: Woran werden Sie erkennen, dass Sie diesen Teil geschafft haben? Die Befriedigung, die ihnen diese Messung Ihrer Fortschritte bei der Ausführung des Plans verschafft, kann sehr wichtig sein, um Sie in Ihrer Entschlossenheit zu bestärken.

Viele Manager können zwar gut Ziele setzen, scheinen aber mit der Planung Schwierigkeiten zu haben. Das folgende Beispiel soll diesen Planungsprozess veranschaulichen. Ich habe bewusst ein persönliches Ziel gewählt, um zu zeigen, dass sich der Prozess auf alle Bereiche anwenden lässt. Es geht ums Abnehmen, ein Ziel, mit dem viele Menschen vergeblich ringen.

Aktionsplan

Ziel: In einem halben Jahr 20 Pfund abnehmen.

	Maßnahme:	*Zeitvorgabe:*
1.	Drei verschiedene Bücher über Diäten, körperliche Bewegung, Gesundheit lesen.	Bis Ende des Monats
2.	Diät- und Sportplan aufstellen.	Bis Ende des Monats
3.	Zuverlässige Waage kaufen.	Bis Ende des Monats
4.	Mich täglich wiegen und das Gewicht notieren; Vorgabe: jede Woche 1 Pfund abnehmen.	Täglich
5.	Übersteigt das Gewicht an irgendeinem Tag die Vorgabe, Diät- und Sportplan streng einhalten.	Wenn nötig, täglich
6.	Erfolg überprüfen und neues Ziel setzen.	In einem halben Jahr

Dieses System ist nicht narrensicher – so wenig wie irgendein anderes. Aber für viele, die abnehmen wollen, besteht das größte Problem darin, dass sie dabei mogeln. Dieser Plan setzt nun für jeden Tag klare Ziele und bietet Feedback. So ist es schwieriger, vor sich selbst etwas zu verstecken.

Es gibt eine interessante Parallele zwischen den Themen Abnehmen und Zeitmanagement. Warum nehmen wir zu? Nun, zum Teil spielt sicher der Stoffwechsel eine Rolle, aber abgesehen davon setzen wir Fett an, weil wir im Laufe des Tages vielen kleinen Genüssen nachgeben und unser Fernziel aus den Augen verlieren. Mit genau dem gleichen Problem sind wir beim Umgang mit unserer Zeit konfrontiert.

Warum wollen wir abnehmen? Weil uns nicht gefällt, was wir im Spiegel sehen, oder weil wir uns Sorgen um unsere Gesundheit machen. Beim Zeitmanagement ist dieser Spiegel ein Zeitnutzungsprotokoll und das Wissen um unser Potenzial – das, was wir leisten könnten, wenn wir unsere Zeit besser nutzen würden.

Die gute Nachricht ist die, dass wir beim Abnehmen all die kleinen Genüsse längere Zeit aufgeben müssen, ehe wir allmählich Resultate sehen, während sich beim Zeitmanagement viel schneller Ergebnisse abzeichnen.

Halten wir mit Erfolg unser Gewicht unter Kontrolle, glaubt uns niemand, dass wir damit ein Problem haben. Die Leute äußern großes Erstaunen, wenn wir Speisen oder Getränke ablehnen, weil wir auf unsere Linie achten wollen. Viele scheinen zu glauben, dass man nur dann ein Problem hat, *wenn man es nicht unter Kontrolle hat.* Gilt das Gleiche für ihre Zeit? Werden Sie Möglichkeiten finden, sie besser in den Griff zu bekommen und Ihre Ziele zu erreichen? Oder werden Sie nur große Töne spucken und nichts unternehmen? Womit lässt es sich besser leben?

Sie sollten jedes Ihrer wichtigen Ziele dem Prozess der Aktionsplanung unterziehen – die Organisation von Schreibtisch und Arbeitsbereich, den Erwerb einer Fremdsprache, die Verbesserung der Kommunikationsfähigkeiten, die Nutzung eines Zeitplanbuchs etc.

Am Ende dieses Kapitels finden Sie ein einfaches Formblatt, auf dem Sie Ihren Aktionsplan für ein bestimmtes Ziel entwerfen können.

Wie arbeiten Sie mit der Kraftfeldanalyse?

Im Planungsstadium erscheinen manche Ziele so naheliegend, dass man meint, sie ohne weiteres erreichen zu können. Tatsächlich ist dies leider nur selten der Fall. Wir müssen nicht nur mit unseren eigenen Denkmustern und Gewohnheiten zu Rande kommen, sondern auch mit denen anderer. Im Beruf wie zu Hause ist unser Leben eng mit anderen verknüpft, und jede Änderung, die wir vornehmen, wirkt sich auch auf diese Menschen aus. Menschen wie Unternehmen neigen dazu, sich Veränderungen zu widersetzen, vor allem, wenn sie diese nicht verstehen. *Die tödlichen Kräfte des Status quo können einen großen Teil der neuen Begeisterung ersticken.* Denken Sie an den Gewohnheitsfaktor!

Die Kraftfeldanalyse nach Kurt Lewin kann bei der Planung von Veränderungen von großem Nutzen sein. Dazu wählen Sie ein bestimmtes Ziel aus – am besten eines, das Ihnen sehr wichtig ist – und schreiben es möglichst klar und prägnant oben auf ein Blatt Papier. (Sie können sich hierfür das zweite einfache Formblatt am Ende dieses Kapitels kopieren.)

Unabhängig vom gewählten Ziel dürfte es eine Reihe von Kräften oder Faktoren geben, die der Verwirklichung Ihres Ziels im Weg stehen. Lassen Sie sich spontan einfallen, welche Faktoren dies sind, und schreiben Sie diese in beliebiger Reihenfolge auf. Versuchen Sie, auf mindestens zehn Hindernisse zu kommen.

Solche Faktoren können Menschen sein, die Ihnen Widerstand entgegensetzen oder die Ihretwegen vielleicht mehr arbeiten müssten, fehlende Informationen, Zeitmangel und natürlich gewisse Seiten Ihres ganz persönlichen Charakters, die Sie auf die bequemen alten Gleise zurücklocken wollen. Beispiel Rhetorikfähigkeiten: Sie haben einen geeigneten Wochenendkurs für sich gefunden. Nun sperrt sich Ihr Beziehungspartner gegen diesen Termin, Ihr Chef gegen die Bezahlung – und eigentlich hätten Sie selber auch mehr Lust, an diesem Wochenende zu faulenzen.

Besteht Ihr Ziel zum Teil darin, Ihr Verhalten einem anderen gegenüber zu ändern, mit welcher anfänglichen Reaktion müssten Sie dann rechnen? Zum Beispiel kann es sein, dass Sie bisher eher zur Selbstherrlichkeit neigten und nun auf Beratung und Beteiligung der Mitarbeiter umschwenken wollen. In diesem Fall sieht der Betreffende dies womöglich erst als Manipulation, und Sie müssen ihn erst nach und nach von Ihren positiven Motiven überzeugen.

Kraftfeldanalyse

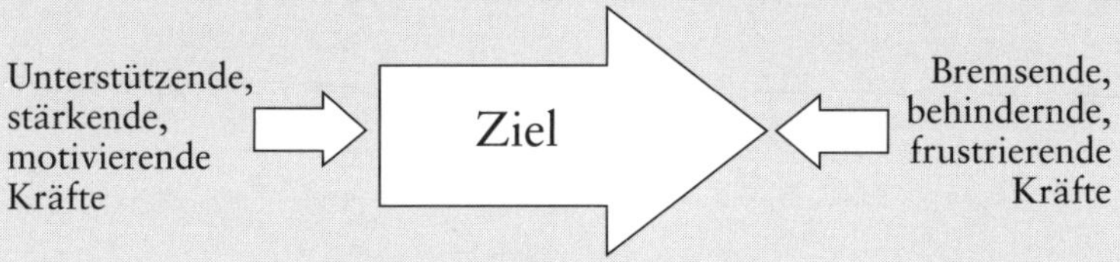

Führen Sie alle potenziellen Hindernisse auf – so viele, wie Ihnen einfallen. Gehen Sie dann die Liste von oben nach unten durch und stellen Sie sich bei jedem möglichen Hindernis folgende Fragen:

- Wie kann ich diese Kraft abschwächen?
- Wie kann ich dieses Hindernis umgehen?
- Wie kann ich sicherstellen, dass dieser Faktor mich nicht daran hindert, mein Ziel zu erreichen?

Im Anschluss daran listen Sie alle erdenklichen Kräfte auf, die Ihre Absichten stützen und fördern. Von wem können Sie Unterstützung erwarten, wer wünscht Ihnen Erfolg? In welcher Weise wird sich der Erfolg auszahlen? Welche Seiten Ihres Charakters und Ihrer Motivation werden Ihnen helfen? Gehen Sie auch diese Liste Punkt für Punkt durch:

Fragebogen

- Wie kann ich diesen Faktor verstärken? ....
- Wie kann ich sicherstellen, dass ich durch diesen Faktor größtmögliche Unterstützung erhalte, wenn ich sie brauche? ....

Die Kraftfeldanalyse ist ein ziemlich aufwendiger Vorgang und braucht etwas Zeit und Ruhe, doch bei sorgfältiger Ausführung und Eingliederung der Ergebnisse in den Aktionsplan kann sie Ihre Chancen, ein bestimmtes Ziel zu erreichen, drastisch erhöhen.

Aktionsplanung

Mit diesem Formblatt können Sie einen Aktionsplan für ein wichtiges Ziel entwerfen.

Ziel		
Maßnahmen jeweils klar identifizierbar und meßbar	*Zu erledigen bis*	*Anmerkungen* Denken Sie daran: keine Entschuldigungen
1.		
2.		
3.		
4.		
5.		
6.		
7.		
8.		
9.		
10.		

Kraftfeldanalyse

Wählen Sie ein Ziel aus, das Ihnen wichtig ist, aber schwer zu erreichen sein könnte.

Ziel	
Bremsende, behindernde, frustrierende Faktoren	Strategien zu ihrer Umgehung oder Abschwächung
1.	
2.	
3.	
4.	
5.	
6.	
7.	
8.	
9.	
10.	
Unterstützende, stärkende, motivierende Faktoren	Strategien zu ihrer Verstärkung
1.	
2.	
3.	
4.	
5.	
6.	

Tipps für Ihren Erfolg:

Entwerfen Sie für jedes wichtige Ziel eine konkrete und verbindliche Planung.
Analysieren Sie Hindernisse und unterstützende Faktoren.
Lassen Sie Ihren Worten Taten folgen.

24. Taktische Planung

Leitfragen

Welche Eigenschaften hat ein gutes Zeitplanungssystem?
In welche Kategorien können Sie Ihr System unterteilen?

Welche Eigenschaften hat ein gutes Zeitplanungssystem?

Das vorige Kapitel behandelte die Frage, wie wir das Erreichen wichtiger Ziele planen können. In diesem geht es um die konkrete Tages-, Wochen- und Monatsplanung.

Ziele kann man sich für beliebige Zeiträume setzen – für einen Tag, für ein Jahr, ja für das ganze Leben. Für die meisten unter uns wäre es jedoch unrealistisch, ein Jahr in allen Einzelheiten vorauszuplanen. Auch an Ihrem Arbeitsplatz werden Sie sich vermutlich weniger langfristige Ziele setzen. Selbst wenn man ein Lebensziel hat, sollte die detaillierte Planung an folgender Frage ausgerichtet sein: »Was werde ich diese Woche tun, um meinem Ziel ein Stückchen näher zu kommen?«

Das Zeitplanungssystem sollte flexibel und auf Sie persönlich zugeschnitten sein. Es darf sich nicht zu einer Tretmühle oder einem Problem auswachsen, sondern sollte ein Werkzeug sein, das Sie mit Vergnügen verwenden. Da jedes System persönlich gestaltet werden muss, stelle ich Ihnen das Verfahren vor, das ich für mich entwickelt habe, und erläutere dabei, warum ich so vorgehe. Sie können Ihr System in einem dafür angelegten Buch oder in einer Datei auf Ihrem Computer eintragen, je nach Geschmack.

Ich nutze drei Zeithorizonte für die Planung – etwa Jahr, Monat und Tag. Dies entspricht lang-, mittel- und kurzfristigen Plänen. Drei gesonderte Kategorien von Plänen erscheinen tatendurstigen Lesern vielleicht übertrieben, aber für mich ist diese Einteilung inzwischen ganz natürlich. Für besondere Ziele habe ich die Kategorie »spezifische Pläne« entwickelt.

In welche Kategorien können Sie Ihr System unterteilen?

Langfristige Pläne

Mein Jahresplan ist mehr oder minder eine grobe Skizze. Anfang November mache ich eine Bestandsaufnahme für das nächste Jahr. Ich notiere wichtige Verpflichtungen wie feststehende Kurse, die ich geben werde, lege den großen Urlaub fest und wähle eine Anzahl bedeutsamer Ziele für das Jahr aus – ein Buch schreiben, ein neues Programm entwickeln, Französisch lernen. Anschließend plane ich meine Strategien für die Erreichung dieser wichtigen Ziele.

Überlegen Sie sich, wie diese Ziele in Ihrem Fall aussehen könnten – möchten Sie innerhalb des Unternehmens wechseln, Ihre Arbeitszeiten besser in den Griff kriegen oder mehr für Ihre berufliche Weiterbildung tun? Das alles dauert nur ein oder zwei Stunden. Die Planung ist sehr skizzenhaft, verschafft mir aber einen Überblick über das vor mir liegende Jahr.

Mittelfristige Pläne

Hier fängt die eigentliche konkrete Zeitplanung an. Ich orientiere mich nicht an Kalendermonaten, sondern eher am jeweils nächsten natürlichen Einschnitt in meinem Terminkalender – Weihnachten, Ostern, ein längerer Urlaub oder Auslandsaufenthalt, die Leitung eines Kurses etc. Die mittelfristigen Pläne beziehen sich so meist auf vier bis acht Wochen.

Ich lege für den betreffenden Zeitraum ein Blatt in meinem

Zeitplanbuch an und trage dort zunächst alle Verabredungen und Verpflichtungen ein. Dann berechne ich näherungsweise, wie viel Zeit mir noch zur freien Verfügung bleibt, das heißt, die noch nicht verplante Zeit. Ich zähle diese Zeit in halben Tagen, getrennt nach Vormittagen und Nachmittagen.

Davon ziehe ich nun die Zeit ab, die ich wahrscheinlich für Verwaltung, Korrespondenz und andere Punkte auf der Liste der Routineaufgaben benötigen werde (ungefähr eine Stunde am Tag bzw. fünf in der Woche); für das Lesen von Routinematerial veranschlage ich ebenfalls eine Stunde täglich bzw. fünf Stunden wöchentlich.

Damit bleiben mir in einem Monat voraussichtlich vielleicht fünf Vormittage und drei Nachmittage, über die ich frei verfügen kann. Jetzt wird es spannend. Ich gehe mein Zeitplanbuch durch, sammle alle Dinge, die ich *unbedingt machen muss* und die ich *gerne machen würde* und stelle mein monatliches Zeitbudget auf. Wie bei allen Budgets habe ich viel mehr Ausgabemöglichkeiten als verfügbare Mittel (Zeit), und ich muss die Liste dementsprechend auf ein realistisches Maß zurechtstutzen.

Als letzten Schritt der mittelfristigen Planung trage ich die wichtigsten Punkte in den Terminkalender ein. Bei dieser Gelegenheit reserviere ich etwaige freie Vormittage für Aufgaben, die hohe Konzentration erfordern – allerdings mit Bleistift, wie alle anderen Eintragungen. Außerdem kalkuliere ich Planungszeit ein. Zum Beispiel reserviere ich mindestens eine Woche vor einer Lehrveranstaltung Zeit für ihre Vorbereitung und für die Zusammenstellung des erforderlichen Materials. Auch wenn ich etwas schreiben muss, plane ich eine Woche vorher Zeit für die Beschaffung aller Informationen ein, die ich dafür benötige. Am Ende verfüge ich über ein sehr realistisches Zeitmanagement für die nächsten Wochen.

Kurzfristige Pläne

Dies sind normalerweise Tagespläne, obwohl es manchmal sinnvoll erscheint, zwei oder drei Tage zusammenhängend zu planen. Als Frühaufsteher möchte ich beim Aufstehen wissen, was ich am

Der Tageszyklus: typisches Leistungspotenzial

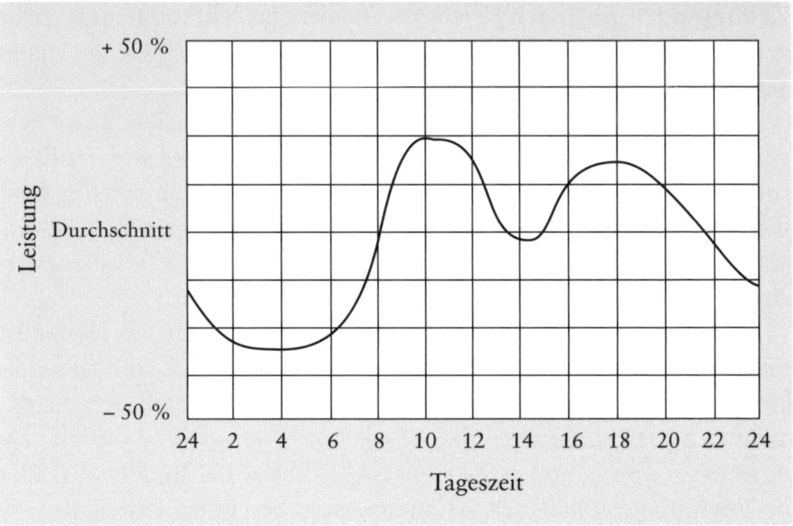

betreffenden Tag tun werde, und schnell damit vorankommen. Ich plane deshalb jeden Tag am Abend davor so detailliert wie möglich.

Dabei beginne ich wieder mit Verpflichtungen wie zum Beispiel festen Verabredungen. Ich schätze ab, wie viel Zeit ich brauchen werde, um meine Erledigungsliste zu kontrollieren, und wähle dann aus dem mittelfristigen Plan eine Maßnahme mit hoher Hebelwirkung aus.

Bei der Tagesplanung achte ich sehr genau auf meinen natürlichen Tageszyklus. Jeder hat einen natürlichen Rhythmus: Zu manchen Tageszeiten fühlen wir uns frisch und wachsam, zu anderen eher träge. Stunden müssen deshalb nicht nur nach Quantität, sondern auch nach Qualität gemessen und geplant werden. Die meisten Menschen weisen einen recht ähnlichen Rhythmus auf. In den frühen Morgenstunden ist unser Leistungspotenzial sehr gering. Selbst wenn man um drei Uhr morgens hellwach ist, ist das Gehirn wahrscheinlich nicht voll in Betrieb. Wer einmal versucht hat, die Nacht durch in den Urlaub zu fahren, weiß, wovon ich rede.

Dann beginnen die Körpersysteme aufzuwachen, ehe wir das

Bewusstsein erlangen. Manche Menschen wachen schneller auf als andere; ich zum Beispiel erreiche meine Leistungsspitze etwa um sieben Uhr morgens, danach geht es den ganzen Tag bergab! Manche kommen langsamer in Fahrt, doch die meisten erreichen ihr höchstes Leistungsniveau am Vormittag. Dort sollten Sie auch die Maßnahmen mit hoher Hebelwirkung einplanen.

Auf das Mittagessen folgt in der Regel ein ausgeprägtes Leistungstief. Dies hat zum Teil damit zu tun, dass sich die Körpersysteme auf die Verdauung konzentrieren müssen, doch bemerke ich dieses Tief auch dann, wenn ich nichts gegessen habe. Vielleicht ist die Siesta eine natürliche Phase im täglichen Zyklus.

Am Nachmittag steigt unser Potenzial dann wieder an, meist aber nicht ganz bis auf das Vormittagsniveau, und am Abend wird es allmählich immer schwächer. Nach zwei Gläsern Wein meine ich manchmal, abends gut arbeiten zu können, doch sehe ich mir die Ergebnisse am Morgen an, bin ich meist weniger angetan. Es gibt nur wenige Menschen, die spät abends am besten arbeiten können.

Wichtig ist, dass wir unseren Tagesrhythmus genau kennen und unsere Planung daran ausrichten. Ich versuche, geistig anspruchsvolle Aufgaben immer auf den Vormittag zu legen, weil ich sie dann viel besser und schneller bewältigen kann. Meine Sekretärin hat die Anweisung, Besprechungen oder Routine-Lehrveranstaltungen möglichst so zu arrangieren, dass sie in den Nachmittag fallen. Ich will meine Vormittage von Aufgaben freihalten, die routinemäßig zu erledigen sind und wenig Kreativität und Konzentration erfordern.

Weitere Faktoren, die Sie bei der Tagesplanung vielleicht berücksichtigen müssen, sind unter anderem immer wiederkehrende Muster im normalen Tagesablauf: Gibt es Zeiten, zu denen Unterbrechungen häufiger vorkommen oder bevorzugt Krisen ausbrechen? Wer für die europäische Tochtergesellschaft eines amerikanischen Unternehmens arbeitet, muss Arbeiten, die hohe Konzentration erfordern, erfahrungsgemäß am Vormittag erledigen, ehe es nachmittags E-Mails und Faxe regnet.

Gerade Linien und präzise Zeitpläne gibt es in der Theorie und bei der Mechanisierung, aber selten in der Management-Realität.

Es wäre ein Fehler, den Tag bis ins Kleinste vorauszuplanen, weil solche Pläne meistens scheitern. Es kann sich immer Unvorhergesehenes ereignen, das unsere Aufmerksamkeit fordert. Der Tagesplan gibt lediglich die Tagesziele und den bevorzugten Weg dorthin vor. Wird er zeitlich zu knapp kalkuliert, dann führt ein unvorhergesehenes Ereignis zu seinem Misslingen. Er sollte also soviel Luft lassen, dass man gelegentlich eine Umleitung nehmen kann, ohne die Endziele zu gefährden.

Wenn Sie feststellen, dass Sie Ihren Tagesplan häufig nicht einhalten können, sollten Sie die Gründe dafür analysieren. Vielleicht versuchen Sie, einen zu großen Teil des Tags zu verplanen? In manchen Positionen ist es nicht möglich, täglich mehr als eine oder zwei Stunden zu verplanen. Ein schlichter Plan, der eingehalten wird, ist besser als ein zu anspruchsvoller, der nie funktioniert. Unterschätzen Sie ständig den Zeitaufwand für die Erfüllung von Aufgaben? Dies kann dazu führen, dass Sie oft mehr Aufträge übernehmen, als Sie eigentlich sollten. So werden Ihre Pläne unrealistisch, und sind die Pläne unrealistisch, dann erhält wieder das Drängende Vorrang vor dem Wichtigen. Unterschätzen Sie ständig den Zeitaufwand für Aufgaben mit geringer Hebelwirkung, dann sollten Sie Möglichkeiten finden, deren Zahl zu verringern, und sicherstellen, dass Sie die übrigen Aufgaben plangemäß erledigen. Gehen Sie nicht dem Perfektionismus in die Falle!

Haben Sie zu viele Verbindlichkeiten? Dann geht es Ihnen wie den meisten schlechten Zeitmanagern. Zu viele zeitliche Verbindlichkeiten haben praktisch die gleichen Konsequenzen wie zu viele finanzielle Verbindlichkeiten. Um es mit Mr. Micawber zu sagen:

»Jahreseinkommen 20 Pfund, jährliche Ausgaben 19 Pfund, 19 Shilling und Sixpence – Ergebnis: Glück.

Jahreseinkommen 20 Pfund, jährliche Ausgaben 20 Pfund und Sixpence – Ergebnis: Elend.« (Charles Dickens, *David Copperfield)*

Neigen Sie dazu, Dinge wieder und wieder aufzuschieben? Falls ja, dann trösten Sie sich damit, dass die Krankheit Sie offenbar nicht schwer behindert – die schweren Fälle wollen morgen damit anfangen, dieses Buch zu lesen. Im Ernst: Unternehmen Sie etwas dagegen!

Ein erfolgreiches Leben ist eine lange Reihe erfolgreicher Tage, und ein erfolgreicher Tag beginnt meist mit einem Plan. Ohne Pläne herrscht das Chaos.

Eignen Sie sich nach und nach ein für Sie passendes Zeitplansystem an. Sie werden sehen, wie es Ihr Zeitmanagement effizienter macht und Sie selbst entspannter und ausgeglichener.

Spezifische Pläne

Die Planung ist auch in anderen Bereichen eine entscheidende Komponente der Effizienz. Müssten Sie morgen früh in eine Ihnen fremde Stadt fahren, würden Sie hoffentlich nicht planlos ins Auto springen und losfahren, sondern sich eine Karte ansehen und die Fahrt planen. Ebenso lohnen sich einige Momente der Planung, ehe man eine Besprechung leitet, einen Bericht schreibt, einen Bewerber interviewt, ein Telefongespräch führt etc.

Stellen Sie sich stets vorab folgende Fragen:

Fragebogen

- Was brauche ich für diese Aufgabe? ....
  ....
- Was will ich erreichen? ....
  ....
- Wie viel Zeit sollte ich dafür einkalkulieren? ....
  ....
- Wie mache ich das Beste daraus? ....
  ....

Wieder und wieder: Fünf Minuten der Planung können uns zehn Minuten des Handelns ersparen und vermindern in drastischer Weise das Risiko, dass wir uns verfahren, die Besprechung sinnlos vertun oder die entscheidende Frage vergessen. Erfolgreiche Führungskräfte investieren Zeit in die Planung und führen ihre Pläne dann besonnen und effizient aus.

Tipps für Ihren Erfolg:

Entwickeln Sie ein individuelles strategisches Zeitplanungssystem.
Arbeiten Sie mit den unterschiedlichen Kategorien.
Modifizieren Sie Ihr System beständig.

25.
Der Einsatz von Zeitplanbüchern

Leitfragen

Was genau ist ein Zeitplanbuch?
Wie ist es sinnvoll gegliedert?

Was genau ist ein Zeitplanbuch?

Alle Manager haben Systeme für die persönliche Organisation. Sie verwenden Projektpläne, Checklisten, Erinnerungslisten, Spesenaufzeichnungen, Mitteilungen, Besprechungsnotizen und so weiter – häufig lose Blätter, die hin und wieder verloren gehen können. In den letzten Jahren sind Organizer in Buch oder elektronischer Form (Personal Digital Assistents) hinzugekommen.

Manche Führungskräfte berichten, ein Zeitplanbuch/Organizer habe ihr Leben verändert und ihnen dazu verholfen, mehr zu leisten als je zuvor. Fast ausnahmslos dehnen sie das System auf die Organisation des Privatlebens aus und können sich ein Leben ohne dieses Hilfsmittel gar nicht mehr vorstellen.

Weit größer ist allerdings die Zahl derjenigen, die viel Geld für ein raffiniertes Zeitplanungssystem ausgegeben haben, das sie dann nur als Terminkalender benutzen und dessen Möglichkeiten sie nicht ausschöpfen.

Zeitplaner scheinen erhebliche Probleme aufzuwerfen. Die Bücher sind meist groß und sperrig, sodass sie nicht leicht in Handtasche oder Aktenkoffer passen. Verlieren wir unseren Planer, stecken wir ernsthaft in Schwierigkeiten, und es kann soweit kommen, dass er unser Leben beherrscht. Liegt der Organizer in elektronischer Form vor, muss man sich erst einmal daran gewöhnen, den Laptop als Arbeitsmittel zu akzeptieren, das man stets mit dabei hat. Weniger erfahrene und schlecht organisierte Menschen rationalisieren ihre Unfähigkeit, damit umzugehen, indem sie sich darüber lustig machen. Es scheint sehr schwer zu sein, ein Zeitplanbuch effektiv zu nutzen: Man muss eine lange und quälende Lernkurve bewältigen.

Manche Menschen, die kein Zeitplanbuch verwenden, sagen, dass sie nicht »langweilig und organisiert« sein möchten, sondern lieber spontaner. Hier liegt ein schweres Missverständnis vor: *Organisation engt nicht ein – sie befreit.* Erst wenn man richtig gut organisiert ist, kann man Freiräume für Spontaneität und Kreativität schaffen. Meistens sind es die schlecht organisierten Menschen, die unter Druck stehen und deshalb nie die Zeit für irgendetwas finden.

Es gibt Menschen, die von Natur aus systematisch und organisiert sind (hat jemand »langweilig« gesagt?). Sie können sich meist problemlos an ein Zeitplanbuch gewöhnen und es optimal nutzen.

Andere sind ihrem Wesen nach kreativer und eher schlechter organisiert. Sie sollten unbedingt lernen, ein Zeitplanbuch zu verwenden, aber aufgrund ihres Charakters fällt es ihnen viel schwerer, das System zu meistern. Gelingt es ihnen, dann stellen sie fest, dass der Zeitplaner ihre Kreativität unterstützt und kanalisiert, statt sie zu ersticken. Würde der Marketingleiter langweilig, wenn man ihn überredete, den Anzug des Hauptbuchhalters zu tragen? Natürlich nicht! Geben Sie diese Entschuldigung auf!

Zeitplanbücher/Organizer wurden zwangsläufig von gut organisierten Menschen entwickelt. Sie sind deshalb recht ausgeklügelt, komplex und manchmal nicht ganz leicht zu verwenden. (Experten versuchen immer, ihr Fachgebiet der Allgemeinheit schwierig darzustellen.) Die Nutzung eines Zeitplanbuchs ist jedoch eine Fertigkeit wie Französisch Sprechen, Autofahren oder Badminton Spielen – jeder kann es lernen, und irgendwann funktioniert es wie von selbst.

Ein Zeitplanbuch ist ein System der Selbstorganisation, ein tragbares Büro. Wie das Zeitmanagement im Allgemeinen sollte es nicht zur Tretmühle und zum Selbstzweck werden, sondern Ihnen helfen, größere Effektivität und Effizienz zu entwickeln und dadurch Ihren Stress zu vermindern.

Es gibt im Wesentlichen zwei Möglichkeiten, damit anzufangen.

1. Möglichkeit

Die »Urknallmethode«: Sie verwenden zwei volle Tage darauf, alle Subsysteme einzurichten, was wahrscheinlich im Rahmen eines speziellen Kurses geschieht. Dabei stellen Sie Ihr ganzes Leben auf das vom jeweiligen Zeitplanbuch vorgeschriebene System um. Anschließend zwingen Sie sich, dieses System jeden Tag für sämtliche Angelegenheiten zu verwenden. Nach einem halben Jahr entsetzlicher Qualen gewöhnen Sie sich allmählich daran.

2. Möglichkeit

Bei der anderen Methode übertragen Sie zunächst einfach Ihre derzeitigen Systeme in ein Zeitplanbuch/einen Organizer. Anschließend entwerfen Sie einen Aktionsplan für die allmähliche Entwicklung Ihrer Systeme, wofür Sie wahrscheinlich mindestens ein Jahr veranschlagen sollten. Sie könnten zum Beispiel planen, Anfang jeden Monats ein neues System einzurichten, und lernen, dieses im Laufe des Monats zu entwickeln, zu verfeinern und effizient zu nutzen. Diese Methode ist weniger schmerzhaft und verwirrend, verlängert aber die Lernphase.

Unabhängig vom gewählten Weg sollten Sie bereit sein, die Systeme so auf Ihre Bedürfnisse abzustimmen, dass Sie sie im Laufe der Zeit mit Vergnügen verwenden. Außerdem müssen Sie sich klare Leistungsnormen für die routinemäßige Führung des Zeitplaners setzen: Systeme aktualisieren, geordnet abheften, Seiten entfernen bzw. Dateien auf den neuesten Stand bringen, löschen, neu ordnen – wann immer dies möglich ist. Es wäre eine Katastrophe, den überladenen Schreibtisch durch ein voll gestopftes Zeitplanbuch bzw. ein veraltetes System auf dem PC zu ergänzen.

Denken Sie an meine Warnung: Die Lernkurve ist lang – vor allem wenn Sie zu der Sorte Mensch gehören, der wirklich eine nötig hat. Machen Sie sich erst an dieses Vorhaben, wenn Sie wirklich den Willen haben, die Schmerzschwelle zu überwinden, durchzuhalten und das gelobte Land der heiter-gelassenen Organisiertheit zu erreichen.

Wie ist es sinnvoll gegliedert?

Sie müssen dafür Ihr persönliches System entwickeln. Da ich aber oft gefragt werde, was ins Zeitplanbuch/in den Organizer gehört, möchte ich Ihnen hier einige Anregungen geben:

1. Strategieteil

- Tätigkeitsbeschreibung
- Wichtige persönliche, familiäre, soziale und berufliche Ziele, jeweils mit Aktionsplan. Ich habe zusätzlich eine Seite für jeden bedeutenden Verantwortlichkeitsbereich und für jeden wichtigen Klienten.
- Jahresübersichtsplan
- Mittelfristiger Plan für den kommenden Monat, hauptsächlich aus dem Strategieteil abgeleitet.

2. Planungsteil

- Erinnerungs- oder Erledigungsliste für all die kleinen Aufgaben, die meist nicht mit einem bestimmten Datum oder einer bestimmten Zeit verknüpft sind. Alles wird aufgeschrieben, wodurch sich die Gefahr verringert, etwas zu verlieren, und man gleichzeitig den Kopf von Bagatellen befreit.
- Tagesplan, der sich jeweils am Ende des Vortags aus verbindlichen Terminen, dem mittelfristigen Plan und der Erledigungsliste zusammenstellen lässt.
- Kein Terminkalender. Ich persönlich finde es leichter, für Verabredungen einen Taschenkalender zu verwenden.

3. Datenbank

- Telefonnummern und Adressen
- Faxnummern und E-Mail-Adressen
- Checkliste für Standardaufgaben
- Spesenaufzeichnungen
- Sonstige möglicherweise benötigte Informationen

4. Notizen

- Notizblock
- Eine »Ideenseite« für glänzende Gedanken, auf die man beim Autofahren, Fernsehen oder bei langweiligen Vorträgen kommt.

Sind Sie fest entschlossen, die Verwendung eines Zeitplanbuchs/Organizers zu erlernen, dann schlage ich vor, Sie unterhalten sich mit ein, zwei Experten, die bereits ausgiebig damit arbeiten. Die meisten, die das System gemeistert haben, führen es lernwilligen Anfängern mit dem größten Vergnügen vor und bieten sich als Berater an.

Die meisten erfolgreichen Menschen – auch die extrem kreativen – arbeiten nach einem hoch entwickelten Organisationssystem, das fast immer auf einem Zeitplanbuch beruht.

Tipps für Ihren Erfolg:

Entscheiden Sie sich für eine Form des Zeitplanungssystems. Übertragen Sie das System auf alle Organisationsbereiche.

26.
So funktioniert die Erfolgskontrolle

Leitfragen

Welchen Sinn hat eine regelmäßige Erfolgskontrolle?
Wie entwickeln Sie ein Modell für sich?

Welchen Sinn hat eine regelmäßige Erfolgskontrolle?

Haben Sie sich Ziele gesteckt, Pläne ausgearbeitet und damit begonnen, diese umzusetzen, dann folgt als letzte Phase im Zyklus des Zeitmanagements die Erfolgskontrolle. Der Fortschritt muss regelmäßig an den Plänen und Budgets gemessen werden.

In Unternehmen haben Manager noch kaum ihr Budget abgeschlossen, da stehen schon die Buchhalter vor ihnen und bringen Folgendes vor:

- »Dies wollten Sie tun.«
- »Das haben Sie getan.«
- »Wie erklären Sie diese Abweichung?«

So etwas ist fürchterlich lästig. Es macht viel mehr Spaß, Dinge herzustellen oder zu verkaufen. Aber selbst Marketing-Manager erkennen die Notwendigkeit des Vorgangs: Der Fortschritt muss regelmäßig an den Plänen und Budgets gemessen werden. Dieser Kontrollmechanismus ermöglicht es dem Management, ein Unternehmen auf Kurs zu halten. Es ist allgemein bekannt, welches Schicksal Unternehmen mit schwachen Kontroll- und Feedback-Systemen ereilt.

Für Einzelpersonen gilt meiner Meinung nach das Gleiche. Ziele und Pläne zu entwickeln ist nicht genug. *Will man auf Kurs blei-*

ben, ist eine regelmäßige, peinlich genaue Kontrolle der darin erzielten Fortschritte erforderlich. Wer hier sich selbst gegenüber zu nachsichtig ist, wird seine Ziele verfehlen.

Also: Werden Sie Ihr eigener Controller!

Wir beurteilen andere sehr schnell nach ihrem konkreten Verhalten, sehen uns selbst aber gerne im Lichte unserer *Absichten.* Das ist nicht genug. Ohne regelmäßige strenge Kontrollen lernen wir extrem langsam. Erfahrung allein bringt wenig: Durch sie lernen wir hauptsächlich, welche Fehler wir im Laufe des Lebens immer wieder machen werden; um es mit Oscar Wilde zu sagen: »Das Schöne an Fehlern ist, dass man sie beim nächsten Mal wieder erkennt.«

Wie entwickeln Sie ein Modell für sich?

Vertretern bringt man Folgendes bei: Vor jedem Besuch ein klares Ziel formulieren und einen Plan entwerfen; *nach* jedem Besuch einige Minuten die eigene Leistung sofort beurteilen (auf dem Parkplatz, nicht beim Fahren):

- Was habe ich gut gemacht?
- Was habe ich schlecht gemacht?
- Wie hätte ich es besser machen können?
- Wie kann ich garantieren, dass ich es nächstes Mal besser mache?

Verkaufsleiter wissen, dass man auf diese Weise etwas lernt, und sie vermitteln dies auch ausnahmslos ihren Leuten. Jeder Vertreter kennt das Prinzip, doch nur wenige halten sich konsequent daran. Die besten tun es – eben dadurch wurden sie zu den besten.

Kein Manager bringt es durch Teilnahme an einem einzigen Kurs zur Meisterschaft im Verkauf oder auf irgendeinem anderen Gebiet, selbst wenn das Programm noch so gut ist. So etwas erfordert sehr viel Praxis, die systematische Analyse der Leistung und eine Methode, die Analyseergebnisse in die künftige Zielsetzung und Planung einfließen zu lassen.

Können Sie sich dazu zwingen, am Ende jeden Tages Ihre Leistungen an Ihren Vorgaben zu messen? Dies würde Ihnen ein äußerst wirkungsvolles Werkzeug an die Hand geben, um Ihre Leistung im Laufe der Zeit langsam und stetig zu verbessern. Beurteilen Sie Ihre Leistung stets anhand folgender Fragen:

Fragebogen

- Was habe ich mir für heute vorgenommen?
- Was habe ich tatsächlich gemacht?
- Wie weit weicht das eine vom anderen ab? Und warum?
- Dieser Tag kehrt niemals wieder. Habe ich ihn gut genutzt?
- Kann ich eine Lehre daraus ziehen?

Es ist oft erstaunlich, wie viel wir über uns und unser Verhalten wissen, wenn wir nicht andere fragen, sondern uns selbst.

Das Verfahren lässt sich auch auf andere Zeithorizonte und Anlässe anwenden. Sie können Ihre Leistung unmittelbar nach einem Projekt, einer Besprechung oder einem Vorstellungsgespräch beurteilen, hin und wieder auch spontan mitten im Arbeitstag:

Fragebogen

- Warum mache ich das?
- Wie gut muss ich es machen?
- Was würde ich tun, wenn ich dafür nur halb so viel Zeit hätte?

Ohne eine planmäßige Leistungskontrolle bleibt man allzu leicht auf alten Gleisen hängen und verfällt dann geistig in die »Verliererpose«, was man im Eifer des Gefechts kaum merkt.

Aus der Praxis

Stellen Sie sich folgendes Szenario vor: Tony fährt mit dem Auto zur Arbeit. Der Tag hat nicht gut begonnen. Beim Frühstück haben sich die Kinder gestritten, und der Toast war angebrannt. Tony ist spät dran. Um halb neun hat er eine Besprechung. Um pünktlich hinzukommen, muss er schneller als gewöhnlich fahren.

Plötzlich überholt ihn ein roter Porsche, der sich so hineindrängelt, dass Tony leicht bremsen muss. Tonys Blutdruck schnellt in die Höhe. Im nächsten Moment hat er auf den zweiten Gang heruntergeschaltet und aufgeblendet; sein Herz klopft wie rasend, und er fährt bis auf einen Meter auf den Porsche auf. Wer hat hier ein Problem?

»Ich? Du machst wohl Witze. Hast du nicht gesehen, wie blöd der gefahren ist?« Tonys Ego hindert ihn daran, die Dinge objektiv zu sehen, zumindest im Moment der Erregung.

Aber was wäre, wenn Tony am Ende des Tages einige Minuten auf eine nüchterne, ruhige, objektive Einschätzung verwendete:

- Was habe ich mir für heute vorgenommen?
- Was habe ich tatsächlich gemacht?

Und vielleicht noch eine dritte Frage:

- Was hätte ich anders machen können, damit für mich etwas Besseres herausgekommen wäre?

Es besteht zumindest die geringe Chance, dass er sich zu folgender Erkenntnis durchringt: »Ah! Ich habe das Problem, dass ich mich zu sehr über Belanglosigkeiten aufrege. Ich muss etwas dagegen tun.« Und dann lernt er vielleicht etwas und beginnt, daran zu arbeiten. *Man kann ein Problem erst lösen, wenn man es erkannt und als sein* eigenes *Problem akzeptiert hat.* Meistens gerät man aus anderen Gründen in Wut, als man meint: Die Stunde der Selbstbeurteilung ist der richtige Zeitpunkt, um sich selbst gegenüber ehrlich zu sein, die Gelegenheit, die eigene Leistung objektiv zu analysieren. Sie ist eine Art Mitarbeiter-Beurteilungsgespräch, und wie bei allen Gesprächen dieser Art gestaltet sich die Einschätzung sehr viel leichter und effektiver, wenn wir sie an klaren Zielen festmachen. Viele sehen die Ereignisse eines Tages als Fluch oder als Segen; erfolgreiche Menschen erkennen darin Herausforderungen und Chancen.

Misslingt Ihnen etwas oder sind Sie unzufrieden, dann analysieren Sie die Gründe dafür. Suchen Sie nach Einstellungen, Gewohnheiten, Denkschablonen, die für das Problem verantwortlich sind. Wir schrecken vor solchen Spannungen und Gefühlen instinktiv zurück, weil wir fürchten, auf etwas Unangenehmes zu stoßen. Doch Spannungen und Gefühle sind Lebenszeichen, verweisen auf unsere wahren Werte und bieten uns die Chance, etwas zu lernen. *Jede Situation ist eine Gelegenheit, etwas zu lernen.*

Das Leben ist eine Folge von Alternativen. Das gilt auch für Ihren beruflichen Weg. An jedem Punkt können wir den einfachen, bequemen Weg wählen oder uns für persönliches Wachstum entscheiden. Achten Sie darauf, was Sie aufregt und wütend macht. Analysieren Sie die Gründe dafür. Auch mit destruktiven Gefühlen wie Angst und Wut kann man umgehen. Die Selbstbeurteilung betrifft aber nicht nur die Fehlschläge, sondern auch die Erfolge. Wir arbeiten am besten, wenn wir mit uns zufrieden sind – erkennen Sie also Ihre Erfolge an und schwelgen Sie darin; es ist durchaus möglich, dies zu tun, ohne selbstgefällig zu werden. *Analysieren Sie Ihre Stärken und Fähigkeiten, damit Sie in Zukunft noch besseren Nutzen daraus ziehen können.*

Immer wenn Sie hören, dass in Ihrem Inneren gerade die »Verlierer-Platte« abläuft (»Ich kann nichts dafür. Die anderen sind Schuld.«), sollten Sie kurz innehalten und überlegen, wie Sie stattdessen die »Sieger-Platte« auflegen können. Welche Platte abgespielt wird, können *Sie* entscheiden – unter allen Umständen. So wie das »Verliererlied« Sie zum Verlierer macht, kann das »Siegerlied« Ihnen helfen:

»Ich bin für mich selbst verantwortlich.
Ich wähle meine Gefühle und ihre Intensität selbst.
Ich entscheide über meine Ziele und den Weg dorthin.
Ich habe meine Zeit und mein Leben im Griff.«

Tipps für Ihren Erfolg:

Werden Sie Ihr eigener Controller.
Etablieren Sie Erfolgskontrollen in Ihrem Berufsleben.

27.
Und so geht es weiter

Die meisten Menschen führen kein gut geplantes Leben. Wir leben von einem Tag zum anderen und reagieren auf den Druck und die Verlockungen des Augenblicks. Das erschwert auch den Job und lässt uns ab und zu an unseren Fähigkeiten zweifeln. Unser Leben ist ein Kampf zwischen Ordnung und Chaos: An guten Tagen übernehmen wir Verantwortung und schaffen Ordnung, an schlechten fallen wir zurück in hektischen Leerlauf. Der Zeitmangel saugt alle verfügbaren Energien auf. Er wird zum Lebensstil und zur Entschuldigung für Misserfolge. Wir drehen uns nach ein paar psychologischen Belohnungen im Kreise und stützen unser Ego mit einer Serie hohler Siege.

»Wie Gulliver bei den Lilliputanern werden wir von einer Vielzahl feinster Fesseln niedergehalten, die einzeln nicht stark genug wären, um uns bewegungsunfähig zu machen, uns aber in ihrer Gesamtheit der Freiheit berauben« (Jean-Louis Servan-Schreiber).

Es ist sonnenklar, dass ein Unternehmen, das Gewinne erzielen will, die Fixierung auf kurzfristige Geschäfte und Ergebnisse aufgeben und stattdessen die Qualität in den Mittelpunkt stellen muss. Qualität erreichen wir dementsprechend nur, wenn wir das Hauptaugenmerk vom erzeugten Produkt auf die Prozesse seiner Herstellung verlagern – Glück und Selbstvertrauen, wenn wir uns nicht mehr auf unser Ego konzentrieren, sondern auf unsere Ziele und Werte.

Zeitmanagement heißt, dass wir den Blick von der Uhr abwenden und auf unsere Aufgaben und Prioriäten richten. Wir müssen deswegen nicht länger und nicht unbedingt härter arbeiten, sondern *systematischer,* d.h. unsere Zeit und Mühe intelligenter und genauer einteilen. Dies bedeutet, dass wir uns klare Ziele setzen und ihre Erreichung planen. Was werden Sie also tun?

Nach fünf Kapiteln über den Planungszyklus sollte ich vielleicht das Gleichgewicht wiederherstellen, indem ich auf Peter Drucker zurückkomme: »Planung nützt überhaupt nichts, wenn sie nicht irgendwann in Arbeit ausartet.« Ergänzen wir das durch einen Ausspruch John Lennons: »Das Leben ist das, was passiert, während man andere Pläne macht.« Im Leben geht es darum, etwas zu tun. Was werden Sie also tun?

Da die Änderung von Verhaltensmustern uns allen so schwer fällt, fordere ich die Teilnehmer an meinen Seminaren immer auf, sich öffentlich zu einer Änderung zu verpflichten: Nennen Sie mir eine Maßnahme, zu der Sie in irgendeiner Weise durch das Seminar angeregt wurden. Allzu oft erhalte ich Antworten folgenden Stils:

Ich versuche, meinen Schreibtisch besser zu organisieren.
Ich will meine Leseleistung steigern.
Ich beabsichtige, jeden Tag mit einem Plan zu beginnen.
Ich hoffe, dass ich mehr delegieren werde.

Solchen Antworten halte ich entgegen, dass »versuchen«, »wollen«, »beabsichtigen« und »hoffen« *lautstarke Äußerungen des Nichtstuns* sind: Entweder man ordnet den Schreibtisch oder nicht. Was von beiden soll es sein? Für Versuche ist auf der Ergebnistafel kein Platz.

Mit jedem Ziel, das wir uns stecken und nicht erreichen, verringern sich unsere Selbstachtung und unsere Chancen, beim nächsten Mal Erfolg zu haben. Mittelmäßigkeit wird zur Gewohnheit. Wer oft genug scheitert, wird dies rationalisieren, indem er den Planungsprozess verächtlich macht.

Umgekehrt steigert jedes erreichte Ziel unsere Selbstachtung und unsere Chancen auf künftige Erfolge.

Sie sollten sich Ihre Ziele also sehr überlegt setzen. Hüten Sie sich vor übertriebenem Ehrgeiz – eine einzige erfolgreich realisierte ständige Änderung pro Monat ist weitaus besser als zehn angestrebte Änderungen, von denen acht nicht gelingen. Gewohnheiten sind wie Muskeln: Sie werden stärker, wenn wir sie einsetzen.

Übernehmen Sie die Verantwortung für Ihre Zeit und für Ihr Leben.

Dies ist die Zeit.
Dies ist der Ort.
Dies ist Ihr Leben.
Dies ist Ihre Chance, Ihre Zukunft zu beeinflussen.
Nutzen Sie diesen Tag.
Nutzen Sie diesen Moment.
Handeln Sie jetzt.

Literatur

Blum, A., *Integriertes Arbeitszeitmanagement*, Bern 1999.

Bossong, C., *Optimales Zeitmanagement. Mehr erreichen in weniger Zeit*, München 2000.

Buzan, T., *Kopftraining. Anleitung zum kreativen Denken*, München 1998.

Buzan, T., *Nichts vergessen. Kopftraining für ein Supergedächtnis*, München 2000.

Covey, S. R., *Die sieben Wege zur Effektivität. Ein Konzept zur Meisterung Ihres beruflichen und privaten Lebens*, 11. Auflage, Frankfurt/New York 2000.

Davis, M. u. a., *Stressabbau-Training. Die besten Methoden zur Steigerung Ihrer Leistungsfähigkeit*, Augsburg 1999.

Eberspächer, H., *Ressource Ich. Der ökonomische Umgang mit Stress*, Müchen 1998.

Festinger, Leon, *Theorie der kognitiven Dissonanz*, Bern/Stuttgart/Wien 1978.

Festinger, Leon, *Theory of Cognitive Dissonance*, 1997.

Forsyth, P., *Erfolgreiches Zeitmanagement. Effektiver arbeiten, mehr erreichen*, Niedernhausen 1997.

Handy, C., *Gods of Management. The Changing Work of Organization*, London 1996.

Imai, M., *Kaizen. Der Schlüssel zum Erfolg der Japaner im Wettbewerb*, 8. Auflage, Wiesbaden 1998.

Institut für Beratung und Training (Hg.), *Mit PEP an die Arbeit. So organisiere ich mich und meinen Job*, 5. Auflage, Frankfurt/New York 1998.

Institut für Beratung und Training (Hg.), *Zeitgewinn durch PEP. Wie Sie sich und Ihren Computer besser organisieren*, Frankfurt/New York 1998.

Koch, R., *Das 80/20 Prinzip. Mehr Erfolg mit weniger Aufwand*, Frankfurt/New York 2004.

De Leeuw, M. und E., *Read Better, Read Faster: A New Approach to Reading Efficiency*, London 1999.

Lewin, Kurt, *Field Theory in Social Science*, 1997.
Mackenzie, R. A., *Die Zeitfalle. Der Klassiker für Zeitmanagement*, Heidelberg 1995.
Rückert, H.-W., *Schluss mit dem ewigen Aufschieben. Wie Sie umsetzen, was Sie sich vornehmen*, Frankfurt/New York 1999.
Seiwert, L., *Das neue Einmaleins des Zeitmanagements*, Offenbach 1997.
Seiwert, L., *Wenn du es eilig hast, gehe langsam. Mehr Zeit in einer beschleunigten Welt*. 9. Auflage, Frankfurt/New York 2005.
Sievert, U., *Mehr Zeit für das Wesentliche. Methoden und Techniken für den Büroalltag*, München 1995.
Tannen, D., *Das hab' ich nicht gesagt. Kommunikationsprobleme im Alltag*, Hamburg 1998.
Wage, J.-L., *Zeit- und Energiemanagement. Zeitgebrauchs-Anleitung für Manager*, Wien 1993.

Register

Handelsblatt Audio Edition
Wirtschaft
aus erster Hand ...
Business Talk
Business Englisch
Trainer No. 1
Trainer No. 2
Business Spotlight
Doppel-CD
nur 14,90 €
Kunst-
sammler
im
Porträt
WELTKUNST
Business Englisch
leicht gemacht
je CD nur 9,90 €
Wirtschafts-
führer
im
Porträt
12 Audio-CDs
86 Porträts
für nur 79,– €
Für Leser,
die mehr
wissen wollen.
Handelsblatt
Substanz entscheidet.
Jetzt über's
Internet bestellen:
www.handelsblatt-
shop.com